高等学校电子信息类系列教材

应用型网络与信息安全工程技术人才培养系列教材

信息安全数学基础

（第二版）

张金全　万武南　段新东　张仕斌　编著

西安电子科技大学出版社

内 容 简 介

对称密码算法高级加密标准 AES 和公钥密码算法 RSA、DSA 以及 ECDSA 等在信息安全领域被广泛使用，我国也建立了 SM2、SM3 和 SM4 等一系列密码标准. 本书以帮助读者学习和理解这些密码算法为目标，以直接明了、浅显易懂的方式，介绍了掌握这些算法所需具备的初等数论中同余、同余方程和原根，近世代数中群、环、域的基础知识，以及椭圆曲线的基础知识.

本书内容简明实用、重点突出，可作为高等学校信息安全本科生的教材，也可作为密码算法所基于的数学基础理论知识自学者的参考书.

图书在版编目(CIP)数据

信息安全数学基础/张金全等编著. 2 版. —西安：西安电子科技大学出版社，2021.12(2023.5 重印)
ISBN 978 - 7 - 5606 - 6050 - 9

Ⅰ. ①信…　Ⅱ. ①张…　Ⅲ. ①信息安全—应用数学—高等学校—教材　Ⅳ. ①TP309　②O29

中国版本图书馆 CIP 数据核字(2021)第 245189 号

策　　划　李惠萍
责任编辑　李惠萍
出版发行　西安电子科技大学出版社(西安市太白南路 2 号)
电　　话　(029)88202421　88201467　　邮　　编　710071
网　　址　www.xduph.com　　　　　　电子邮箱　xdupfxb001@163.com
经　　销　新华书店
印刷单位　咸阳华盛印务有限责任公司
版　　次　2021 年 12 月第 2 版　2023 年 5 月第 2 次印刷
开　　本　787 毫米×960 毫米　1/16　印张 10
字　　数　167 千字
印　　数　101～2100 册
定　　价　25.00 元
ISBN 978 - 7 - 5606 - 6050 - 9/TP
XDUP 6352002 - 2

＊＊＊如有印装问题可调换＊＊＊

前　言

　　近年来，信息安全受到越来越多人的关注，信息安全和国家安全紧密相连．作为信息安全的基石，密码学也受到了广泛的重视．本书为学习密码算法的数学基础理论知识提供了一条途径．

　　在本书第一版出版后，我们陆续收到了读者的反馈，提及书中例题偏少，不利于读者从不同角度去理解有关的定理和性质．另外，在我们近几年的教学过程中，发现学生在课堂练习、课后作业、课后答疑和课程考试中存在一些比较集中的疑难问题．鉴于这些原因，笔者将本次修订目标确定为增加例题，同时把前后的知识结合起来，把相关知识点描述得更加具体详细、清晰明了，方便读者阅读和理解．

　　本次修改，内容的变化主要体现在：

　　(1) 在疑难知识点处增加了例题，并结合例题对知识点进行阐述和说明，从不同角度帮助读者理解相关内容，如在欧几里德算法求最大公因数及逆向代入求裴蜀数，欧拉定理和模重复平方法及综合应用，一次同余方程和一次同余方程求解等处增加了例题．通过阐明相关知识点，使读者掌握解题方法后，再反过来通过例题理解该知识点．

　　(2) 对一些定理的证明、概念的解释和例题的解题过程(如剩余类和完全剩余系，求裴蜀数，一次同余方程求解，阶和原根等)介绍得更加详细，尽量减少跳跃，方便读者阅读和理解．

　　万武南老师结合自己的教学经验，指出了书中的不足和错误，给出了修改意见，并仔细审校了本版修改和新增的内容．

　　感谢西安电子科技大学出版社李惠萍老师．由于新冠疫情和个人健康原因，致使交稿时间一延再延，感谢李老师的理解和督促．陈志豪编辑对本书的出版付出了大量的劳动，在此表示深深的感谢．

　　本书的主要内容已经做成了幻灯片(．pptx)文件，选用本书的老师可根据自己的讲授要求进行修改．本书出版后，幻灯片文件会放在西安电子科技大学出版社网站上，方便读者下载．读者也可以直接给作者发邮件索取．

　　虽然在出版过程中我们一再审校，但错误难免．因编者水平所限，书中难免存在不妥之处，敬请读者批评指正．希望读者把对本书的建议和意见反馈给我们(E-mail：zhjq@cuit.edu.cn)，谢谢！

编　者

2021 年 9 月

第一版前言

信息安全问题在当今社会愈显突出. 2015 年 6 月教育部已经决定在"工学"门类下增设"网络空间安全"一级学科. 信息安全数学是网络空间安全学科的重要理论基础之一，在信息安全人才培养中占有极其重要的位置.

近年来，对称密码算法高级加密标准 AES 和公钥密码算法 RSA、DSA、DH 等以及基于椭圆曲线公钥密码算法 SM2、ECDSA 等在信息安全领域被广泛使用. 本书以帮助读者学习和理解这些密码算法为目标，介绍掌握这些算法所需具备的初等数论、近世代数基础和椭圆曲线基础等知识.

本书具有以下特色:

(1) 根据作者多年的教学经验，将教学中发现的难点进行拆解，由浅入深、由易到难地介绍，并选取合适的例子进行说明，力求以直接明了、浅显易懂的方式介绍相关知识.

(2) 在每章节的例题中，为了读者更好地理解知识点本身，开始的例题比较简单，后面的例题则通过分拆密码算法，针对相应的知识点进行应用举例，同时说明了密码算法的原理.

(3) 为了激发读者的学习兴趣，本书加入了与内容相关的部分数学家的传记. 同时，书中编入了少量程序，也融入了作者多年的教学心得，希望这些内容可以帮助读者理解和掌握相关知识点.

本书由成都信息工程大学张金全博士主编，南阳理工学院段新东博士参与编写. 成都信息工程大学张仕斌教授为本书提供了大量素材，同时，张仕斌教授和哈尔滨师范大学刘焕平教授审阅了本书的结构，成都信息工程大学多位本科学生参与了编写和校对工作. 在编写过程中还得到了成都信息工程大学信息安全工程学院相关领导的大力支持，在此表示衷心的感谢.

感谢西安电子科技大学出版社李惠萍和王瑛编辑，她们对本书的出版付出了大量的劳动，王瑛编辑的敬业精神给我留下了非常深刻的印象.

本书获成都信息工程大学教改项目资助，以及四川省卓越工程师教育培养计划支持.

因编者水平所限，书中难免存在不妥之处，敬请广大读者批评指正. 恳请读者在发现问题的时候，不吝给我们发邮件(E-mail：zhjq@cuit.edu.cn)，谢谢！

编　者

2015 年 10 月

目　　录

第 1 章　整数的可除性

在中学我们已经学习过整除的部分知识,这里是对该部分知识的复习、加深和扩展,其中素数、最大公因数、带余除法和算术基本定理等知识在密码学中有广泛应用.

1.1　整　　除

本节介绍整除以及素数的定义和基本性质. 这些知识是初等数论的基础.

1. 整除

【定义 1.1.1】　设 a,$b \in \mathbf{Z}$(整数集合),$b \neq 0$,如果存在 $q \in \mathbf{Z}$,使得 $a = bq$,则称 b 整除 a 或 a 可被 b **整除**,记作 $b \mid a$,并称 a 是 b 的**倍数**,b 是 a 的**因数**(或约数、因子);否则,称 b 不能整除 a 或 a 不能被 b 整除,记作 $b \nmid a$.

说明:
① 根据整除的定义,对于 a,$b \in \mathbf{Z}$,$b \neq 0$,只有 $b \mid a$ 和 $b \nmid a$ 两种可能.
② 可以把 $b \mid a$ 读作 b 整除 a,$b \nmid a$ 读作 b 不整除 a.
③ $b \mid a + c$ 这种表达式,亦即 $b \mid (a + c)$,表示 b 整除后面表达式运算的结果.
④ $b \mid a + c = d$ 这种表达式,亦即 $a + c = d$,$b \mid (a + c)$,$b \mid d$.
⑤ 对于 a,$b \in \mathbf{Z}$,$a \neq 0$,$b \neq 0$,若 $b \mid a$,则 $|a| \geqslant |b|$.

对于整除,应注意下述特殊情况:
① 0 是任何非零整数的倍数. 也就是说,对于任何 $b \in \mathbf{Z}$,$b \neq 0$,有 $b \mid 0$.
② ±1 是任何整数的因数. 也就是说,对于任何 $a \in \mathbf{Z}$,有 $1 \mid a$,$-1 \mid a$.
③ 任何非零整数是其自身的倍数,也是其自身的因数. 也就是说,对于任何 $b \in \mathbf{Z}$,$b \neq 0$,有 $b \mid b$.

下面列出整除的一些基本性质. 有的性质比较直观,因此没有给出证明.

① 设 $b \in \mathbf{Z}$,$b \neq 0$,则 $b \mid b$.

性质①称为自反性. 平时用到的等号($=$)也具有自反性，如 $x=x$.

② 设 $a,b,c\in\mathbf{Z}$，若 $c|b$ 且 $b|a$，则 $c|a$.

证明　因为 $c|b$ 且 $b|a$，故存在 q_1 和 q_2，使得 $b=cq_1$ 且 $a=bq_2$，从而有 $a=cq_1q_2$，故 $c|a$.

【例 1.1.1】　因为 $3|6$，$6|12$，所以 $3|12$.

性质②称为传递性，即整除的性质可以传递. 等号($=$)、直线平行、三角形相似均具有传递性.

③ 设 $a,b\in\mathbf{Z}$，若 $b|a$，则 $b|-a$，$-b|-a$.

④ 设 $a,b,c\in\mathbf{Z}$，若 $c|b$ 且 $c|a$，则 $c|a\pm b$.

证明　已知 $c|b$ 且 $c|a$，则存在整数 n 和 m，使得 $b=nc$ 且 $a=mc$，从而有

$$a\pm b=mc\pm nc=(m\pm n)c$$

又因为 $m\pm n$ 为整数，故 $c|a\pm b$.

⑤ 设 $a,b\in\mathbf{Z}$，p 为素数，若 $p|ab$，则 $p|a$ 或 $p|b$.

⑥ 设 $a,b,c\in\mathbf{Z}$，若 $c|b$ 且 $c|a$，则对任意整数 s、t，有 $c|sa\pm tb$.

证明　已知 $c|b$ 且 $c|a$，则存在整数 n 和 m，使得 $b=nc$ 且 $a=mc$. 于是从 $sa\pm tb=msc\pm ntc=(ms\pm nt)c$ 即可看出 $c|sa\pm tb$.

性质⑥在后面被多次使用. 该性质也可描述为：设 $a,b,c\in\mathbf{Z}$，若 $c|b$ 且 $c|a$，则 c 整除 a 和 b 的线性组合.

【例 1.1.2】　已知 $7|21$，$7|98$，则对任意整数 s、t，有 $7|21s+98t$.

2. 素数

在密码学中，素数是用得非常广泛的概念，例如公钥密码算法、数字签名算法以及一些密码协议中都有使用. 在对称密码算法高级加密标准(Advanced Encryption Standard, AES)中使用的不可约多项式，也可以看作是素数在一元多项式环上的推广.

【定义 1.1.2】　设 p 是大于 1 的整数，如果除了因子 1 和它本身外没有其他的因子，则称 p 为**素数**(或质数，取自英文单词 prime 的首字母). 若 m 是大于 1 的整数，且 m 不是素数，则称 m 为**合数**.

素数具有以下一些基本性质：

① 1 既不是素数也不是合数.

② 若 p 为素数，n 为正整数，当 $2 \leqslant p \leqslant \sqrt{n}$ 且 $p \nmid n$ 时，n 是素数.

性质② 可用来较快地判断一个小的整数是否是素数.

【例 1.1.3】 判断 37 是不是素数.

解　n 为 37，因为 $6 \leqslant \sqrt{37}$，小于等于 6 的素数 p 有 2、3、5，用 p 去除 37，发现 $2 \nmid 37$，$3 \nmid 37$，$5 \nmid 37$，故 37 为素数.

【例 1.1.4】 判断 137 是不是素数.

解　$n = 137$，因为 $11 \leqslant \sqrt{137}$，小于等于 11 的素数 p 有 2、3、5、7、11，用 p 去除 137，发现 $2 \nmid 137$，$3 \nmid 137$，$5 \nmid 137$，$7 \nmid 137$，$11 \nmid 137$，故 137 为素数.

③ 素数有无穷多.

证明　用反证法. 假设只有有限个素数，它们是 $q_1, \cdots, q_k$.

考虑 $m = q_1 \cdots q_k + 1$，因为素数个数有限且为 $q_1, \cdots, q_k$，所以 m 必是合数，从而知必存在素数 q_i，使得 $q_i | m$. 由于 $m = q_1 \cdots q_k + 1$，故整除是不可能的，矛盾. 因此，假设是错误的，即素数必有无穷多个.

【定理 1.1.1】　（素数个数定理）令 $\pi(x)$ 表示不超过 $x (x > 0)$ 的素数的个数，则随着 x 的增大，$\pi(x)$ 和 $x/\ln x$ 的比值趋于 1，即

$$\lim_{x \to \infty} \frac{\pi(x)}{x/\ln x} = 1$$

其中，$\ln x$ 是 x 的自然对数.

通过表 1.1.1 所示的对素数个数的统计，读者可以对素数的数量有个直观的了解.

表 1.1.1　素数数量统计表

x	$\pi(x)$	$x/\ln x$ 整数部分	$\pi(x)/(x/\ln x)$
1000	168	145	1.16
100 000	9592	8686	1.10
10 000 000	664 579	620 241	1.07
1 000 000 000	50 847 478	48 254 942	1.05

素数的性质当然不止这些，比如孪生素数猜想、哥德巴赫猜想、黎曼猜想

等,感兴趣的读者可参阅相关书籍,这里只介绍了一些很基本的性质.

【人物传记】 克里斯汀·哥德巴赫(Christian Goldbach,1690—1764)生于普鲁士哥尼斯堡(这个城市因七桥问题而在数学界很有名). 1725 年成为圣彼得堡皇家学院的数学教授. 1728 年到莫斯科成为沙皇彼得二世的老师. 1742 年任职于俄国外交部. 除了"每个大于 2 的偶数都能写为两个素数的和以及每个大于 5 的奇数能写为 3 个素数的和"的猜想外,在数学分析方面也做出了令人瞩目的贡献.

【人物传记】 中国数学家陈景润(1933—1996)取得了关于孪生素数和哥德巴赫猜想的重要结果. 1966 年发表 *On the representation of a large even integer as the sum of a prime and the product of at most two primes*(《大偶数表为一个素数及一个不超过两个素数的乘积之和》,简称"1+2"),成为哥德巴赫猜想研究上的里程碑. 他所发表的成果也被称为陈氏定理.

【人物传记】 美籍华裔数学家张益唐(1955—)于 1978 年进入北京大学数学科学学院攻读本科,1982 年读硕士,师从潘承彪,1985 年入读普渡大学,导师为莫宗坚. 2013 年由于在研究孪生素数猜想上取得了重大突破,于第六届世界华人数学家大会中荣获晨兴数学卓越成就奖,后来他还获得了 Ostrowski 奖和 Rolf Schock 奖. 2014 年,美国数学学会更将崇高的柯尔数论奖授予张益唐. 同年 7 月 4 日,张益唐当选为中央研究院第 30 届数理科学组院士. 同年 9 月,张益唐获得了该年度的麦克阿瑟奖(俗称"天才"奖).

1.2　最大公因数

最大公因数是中学里面的知识. 在密码学中用得较多的是互素,这是最大公因数为 1 的情形. 在本门课程中,常用来求两个数的最大公因数的方法是欧几里德算法,也称辗转相除法.

1.2.1　带余除法

带余除法是关于整除性的一个重要结论.

【定理 1.2.1】 (带余除法)设 a、b 是两个给定的整数,$b>0$,则一定存在唯一的一对整数 q 与 r,满足

$$a=qb+r,\ 0\leqslant r<b$$

证明 先证存在性. 考虑一个整数序列

$$\cdots,\ -3b,\ -2b,\ -b,\ 0,\ b,\ 2b,\ 3b,\ \cdots$$

它们将实数轴分成长度为 b 的区间，而 a 必定落在其中的一个区间中，因此存在一个整数 q 使得 $qb\leqslant a<(q+1)b$.

令 $r=a-qb$，则有 $a=qb+r$，$0\leqslant r<b$.

再证唯一性. 如果分别有 q 与 r 和 q_1 与 r_1 满足

$$a=qb+r,\ 0\leqslant r<b$$
$$a=q_1b+r_1,\ 0\leqslant r_1<b$$

两式相减有 $b(q-q_1)=-(r-r_1)$，故 $b\,|\,r-r_1$.

由于 $0\leqslant r<b$，$0\leqslant r_1<b$，故 $-b<r-r_1<b$. 由 $b\,|\,r-r_1$ 知 $r=r_1$.

又因 $q_1b+r_1=qb+r$，故 $q=q_1$.

【定义 1.2.1】 在 $a=qb+r$，$0\leqslant r<b$ 中，称 q 为 a 被 b 除所得的**不完全商**，称 r 为 a 被 b 除所得的**余数**. 在不引起歧义的情况下，通常简称商和余数.

【推论】 $b\,|\,a$ 的充要条件是 a 被 b 除所得的余数 $r=0$.

【定理 1.2.2】 设 a、b 是两个给定的整数，$b\neq0$，则对任意整数 c，一定存在唯一的一对整数 q 与 r，满足

$$a=qb+r,\ c\leqslant r<|b|+c$$

这是带余除法的一般形式.

该定理的证明和定理 1.2.1 的相似. 定理 1.2.1 就是定理 1.2.2 指定 $b>0$，$c=0$ 时的一种特殊情形.

【例 1.2.1】 设 $a=100$，$b=30$，由定理 1.2.2 知：

若 $c=10$，则 $10\leqslant r<40$，即 $100=3\times30+10$；

若 $c=35$，则 $35\leqslant r<65$，即 $100=2\times30+40$；

若 $c=-50$，则 $-50\leqslant r<-20$，即 $100=5\times30+(-50)$.

可以看出，无论如何指定 c 的值，r 和被除数在除以除数时，余数相同. 比如 $100=2\times30+40$ 这个式子中，100 和 40 除以 30 后的余数是相同的.

1.2.2 最大公因数

【定义 1.2.2】 设 a 和 b 是两个整数，若整数 d 是它们中每一个数的因数，则 d 称为 a 和 b 的**公因数**（或公约数）. a 和 b 的公因数中最大的一个称为**最大公因数**，记为 (a,b). 也有的书中将其记作 $\gcd(a,b)$，即 greatest common divisor 三个英文单词的首字母. 若 $(a,b)=1$，则称 a 和 b 互素或互质.

进一步地，若整数 a_1，a_2，$\cdots$，a_n 不全为零，那么 a_1，a_2，$\cdots$，a_n 的公因数中最大的一个称为最大公因数，记作 $(a_1,a_2,\cdots,a_n)$. 当 $(a_1,a_2,\cdots,a_n)=1$ 时，称 a_1，a_2，$\cdots$，a_n 互素或互质. 注意，这与 a_1，a_2，$\cdots$，a_n 两两互素不同，a_1，a_2，$\cdots$，a_n 两两互素要求 $(a_i,a_j)=1$，$i\neq j$.

【例 1.2.2】 求最大公因数 $(168,90)$.

解 这里采用短除法求解. 我们知道，一个整数要么是素数，要么有不超过 $\sqrt{n}$ 的素因数. 要求 a 和 b 的最大公因数，可以依次用 $2,3,5,\cdots$ 去试除 a 和 b，若都能整除，则找到公因数 p_1，然后依次用 $2,3,5,\cdots$ 去试除 a/p_1 和 b/p_1. 重复这个过程，就可以找到 a 和 b 的所有公因数. 所有公因数的乘积即为 a 和 b 的最大公因数.

因为

$$
\begin{array}{r|rr}
2 & 168 & 90 \\
\hline
3 & 84 & 45 \\
\hline
& 28 & 15
\end{array}
$$

故 168 和 90 的最大公因数为 $(168,90)=2\times3=6$.

下面列出最大公因数的一些基本性质. 在掌握短除法的基础上，这些性质直观易懂，故证明从略.

① 设 a、b 为正整数，则 $(a,b)=(b,a)$.

② 设 a、b 为正整数，若 $b\mid a$，则 $(a,b)=b$.

③ 设 a_1，a_2，$\cdots$，a_n 是 n 个不全为零的整数，则

(i) a_1，a_2，$\cdots$，a_n 与 $|a_1|$，$|a_2|$，$\cdots$，$|a_n|$ 的公因数相同；

(ii) $(a_1,a_2,\cdots,a_n)=(|a_1|,|a_2|,\cdots,|a_n|)$.

④ 设 a、b 为正整数，则

$$(a,b)=(a,-b)=(-a,b)=(-a,-b)$$

⑤ 设 b 为整数，$b\neq0$，则 $(0,b)=|b|$.

因为 0 是任何非 0 整数的倍数，从而 $|b|\mid 0$，所以 $(0,b)=|b|$.

⑥ 设 $m>0$，则 $m(a_1,a_2)=(ma_1,ma_2)$.

从前面给出的短除法的求解过程，可以直观地理解该性质.

⑦ 设 a_1，a_2，$\cdots$，a_n 为整数，且 $a_1\neq0$，令 $(a_1,a_2)=d_2$，$(d_2,a_3)=d_3$，$\cdots$，$(d_{n-1},a_n)=d_n$，则 $(a_1,a_2,\cdots,a_n)=d_n$.

【例 1.2.3】　计算最大公因数 $(120, 150, 210, 35)$.

解　因为

$$(120, 150) = 30, \quad (30, 210) = 30, \quad (30, 35) = 5$$

故

$$(120, 150, 210, 35) = 5$$

或

$$(120, 150, 210, 35) = ((120, 150), (210, 35)) = (30, 35) = 5$$

可见，在解题时，无论先求哪些数的最大公因数，都不影响最终的结果.

⑧ 设整数 a、b、c，若 $(a, c) = 1$，则 $(ab, c) = (b, c)$.

用口语化的语言描述就是，若 a 和 c 互素，则 ab 与 c 的最大公因数就是 b 与 c 的最大公因数.

例如，令 $a = 12$, $b = 65$, $c = 13$. 因 $(12, 13) = 1$，故 $(12 \times 65, 13) = (65, 13)$.

⑨ 设整数 a、b、c，若 $a \mid bc$ 且 $(a, b) = 1$，则 $a \mid c$.

【例 1.2.4】　令 $a = 5$, $b = 3$, $c = 10$，由于 $5 \mid 3 \times 10$ 且 $(5, 3) = 1$，故 $5 \mid 10$.

⑩ 设整数 a、b、c，若 $(a, c) = 1$, $(b, c) = 1$，则 $(ab, c) = 1$.

例如，令 $a = 5$, $b = 3$, $c = 8$，因 $(5, 8) = 1$, $(3, 8) = 1$，故 $(5 \times 3, 8) = 1$.

⑪ 设整数 a、b，若 $d > 0$, $d \mid a$, $d \mid b$，则

$$\left(\frac{a}{d}, \frac{b}{d} \right) = \frac{(a, b)}{d}$$

特别地，$\left(\dfrac{a}{(a, b)}, \dfrac{b}{(a, b)} \right) = 1$.

证明　因 $(a, b) = \left(\dfrac{a}{d}, \dfrac{b}{d} \right) d$，故 $\left(\dfrac{a}{d}, \dfrac{b}{d} \right) = \dfrac{(a, b)}{d}$.

特别地，当 $d = (a, b)$ 时，$\left(\dfrac{a}{(a, b)}, \dfrac{b}{(a, b)} \right) = \dfrac{(a, b)}{(a, b)} = 1$.

【例 1.2.5】　12 和 18 的公因数是 ± 1, ± 2, ± 3, ± 6，因此最大公因数 $(12, 18) = 6$. 取 $d = 2 > 0$，有 $\left(\dfrac{12}{2}, \dfrac{18}{2} \right) = (6, 9) = 3$, $\dfrac{(12, 18)}{2} = \dfrac{6}{2} = 3$.

1.2.3　欧几里德算法

当两个数很大且共同的素因数也很大时，短除法用起来就不方便了. 例如，求 46 480 和 39 423 的最大公因数. 这里介绍另一种求最大公因数的方

法——**欧几里德算法**,该方法有较高的效率,而且易于程序实现.

欧几里德算法通常称为**辗转相除法**,主要用于求两个整数的最大公因数,从而为求解一次同余方程及一次同余方程组做铺垫. 欧几里德算法首次出现于欧几里德的《几何原本》中,而在中国则可以追溯至东汉的《九章算术》. 虽然名称为欧几里德算法,但这个算法可能并非欧几里德发明,而仅仅是将前人的结果编进他的《几何原本》.

【人物传记】 欧几里德(Euclid,前 325—前 265),古希腊数学家. 他最著名的著作《几何原本》被广泛地认为是历史上最成功的教科书,从古至今已经有上千种版本,这本书介绍了从平面到刚体几何以及数论的知识. 人们关于欧几里德的生平所知很少,现存的欧几里德画像都是出于画家的想象.

【定理 1.2.3】 设 a、b、c 是三个不全为零的整数,$a = bq + c$,其中 q 是整数,则 $(a, b) = (b, c)$.

证明 设 $d = (a, b)$,$e = (b, c)$.

因 $d \mid a$,$d \mid b$,故 $d \mid a - bq = c$,即 d 为 c 的因数. 又 $d \mid b$,故 d 为 b 和 c 的公因数. 而 e 是 b 和 c 的最大公因数,因而 $d \leqslant e$.

同理,因 $e \mid b$,$e \mid c$,故 $e \mid bq + c = a$,即 e 为 a 的因数. 又 $e \mid b$,故 e 为 a 和 b 的公因数. 而 d 是 a 和 b 的最大公因数,因而 $e \leqslant d$.

综上可知 $d = e$.

【例 1.2.6】 求 407 和 185 的最大公因数.

解 由定理 1.2.3 知

计算过程	备注
$407 = 185 \times 2 + 37$	$(407, 185) = (185, 37)$
$185 = 37 \times 5$	$(185, 37) = (37, 0) = 37$

故 $(407, 185) = 37$.

定理 1.2.3 给出了求最大公因数 $d = (a, b)$ 的一个方法,下面介绍的欧几里德算法就是建立在此基础上的.

【欧几里德算法】 设整数 $a > b > 0$,记 $r_0 = a$,$r_1 = b$,反复利用带余除法,可得

$$r_0 = r_1 q_1 + r_2, \quad 0 \leqslant r_2 < r_1$$

$$r_1 = r_2 q_2 + r_3, \quad 0 \leqslant r_3 < r_2$$

$$\vdots$$

$$r_{n-2}=r_{n-1}q_{n-1}+r_n, \quad 0\leqslant r_n<r_{n-1}$$
$$r_{n-1}=r_nq_n+r_{n+1}, \quad r_{n+1}=0$$

因为 $a>r_1>r_2>\cdots>r_{n-1}>r_n>r_{n+1}\geqslant 0$，故必存在 n，使得 $r_{n+1}=0$.

【定理 1.2.4】 设整数 $a>b>0$，则 $(a,b)=r_n$，其中 r_n 是欧几里德算法中最后一个非零余数.

证明　由定理 1.2.3 知

$$(a,b)=(r_0,r_1)=(r_1,r_2)=(r_2,r_3)=\cdots=(r_{n-1},r_n)=(r_n,0)=r_n$$

算法的题设要求 $a>b>0$，若不满足题设，由于 $(a,b)=(|a|,|b|)$，故可以通过计算 $(|a|,|b|)$ 求得 (a,b).

【例 1.2.7】 利用欧几里德算法求 $(168,132)$.

解　由欧几里德算法求 $(168,132)$ 的过程如下：

计算过程	备注
$168=132+36$	$(168,132)=(132,36)$
$132=36\times 3+24$	$(132,36)=(36,24)$
$36=24+12$	$(36,24)=(24,12)$
$24=12\times 2$	$(24,12)=(12,0)=12$

故 $(168,132)=12$.

【例 1.2.8】 利用欧几里德算法求 $(172,46)$.

解　由欧几里德算法求 $(172,46)$ 的过程如下：

计算过程	备注
$172=46\times 3+34$	$(172,46)=(46,34)$
$46=34+12$	$(46,34)=(34,12)$
$34=12\times 2+10$	$(34,12)=(12,10)$
$12=10+2$	$(12,10)=(10,2)$
$10=5\times 2$	$(10,2)=(2,0)=2$

故 $(172,46)=2$.

在利用欧几里德算法求两个数的最大公因数时，要注意各个等式中的除数、商和余数分别是哪个数. 每个等式的目的在于求哪两个数的最大公因数. 比如计算完 $10=5\times 2$，到底所求的最大公因数是 5 还是 2 呢？这需要回到上一步 $12=10+2$ 中来判断. 在 $12=10+2$ 中，10 是除数，2 是余数，商是 1. 故由欧几里德算法知，所求最大公因数应该是最后一个非 0 余数，即 2.

同时，求解过程并不唯一，因为带余除法的一般形式表示是不唯一的. 例如，例 1.2.8 可以按下面过程求解.

计算过程	备注
$172 = 46 \times 4 + (-12)$	$(172, 46) = (46, -12)$
$46 = (-12) \times (-4) + (-2)$	$(46, -12) = (-12, -2)$
$-12 = 6 \times (-2)$	$(-12, -2) = (-2, 0) = 2$

其实，由 $172 = 46 \times 3 + 34$ 可得 $(172, 46) = (46, 34)$，这里容易看出 $(46, 34) = 2$. 如果仅仅是求最大公因数，则这里可以停止计算了. 但在本门课程中，求最大公因数往往不是最终目标.

虽然求解过程不唯一，但在利用编程实现时，通常要求余数大于 0、小于除数，以便编写程序. 下面给出 C 语言的一种程序实现方法.

```
int gcd(int a, int b)
{
    while(b!=0)
    {int r=b; b=a%b; a=r;}
    return a;
}
```

【定义 1.2.3】 设 a 与 b 是两个整数，那么 a 与 b 的线性组合是形如 $ma + nb$ 的和式，其中 m 和 n 为整数.

定义中的"线性"一词是从英文单词 linear 翻译过来的. linear 表示"线性的，直线的，一次的"意思. 定义中的"线性"是指表达式中变量的最高次数为 1.

如果把欧几里德算法求两个整数的最大公因数的过程逆向迭代，就可以用两个整数的线性组合来表示它们的最大公因数.

【定理 1.2.5】 设 a、b 为任意正整数，则存在整数 s 和 t，使得
$$(a, b) = sa + tb$$

对定理 1.2.5 做以下几点说明：

(1) 该定理的证明，可直接由辗转相除法反推回去，即得结论.

(2) 该等式也称为 Bézout 等式(**裴蜀等式**).

(3) 整数 s、t 的取值有很多组，每组 s、t 都称为**裴蜀数**.

（4）表达式 $(a,b)=sa+tb$ 可以描述为：整数 a、b 的线性和所能表示的最小的正整数是它们的最大公因数．

（5）容易知道 (a,b) 的倍数也可以用 a 与 b 的线性和表示，比如：

$$m(a,b)=m(sa+tb)=(ms)a+(mt)b,\ m\in\mathbf{Z}$$

下面证明：整数 a 与 b 的线性和所能表示的最小的正整数是它们的最大公因数．

证明 设 d 是 a 与 b 线性组合所能表示的最小的正整数，记为 $d=ma+nb$，m 与 n 为整数．证明过程分 2 步：（1）d 是 a 与 b 的公因数；（2）d 是 a 与 b 的最大公因数．

（1）由带余除法知，存在整数 q 和 r，使得 $a=dq+r$，$0\leqslant r<d$，故

$$r=a-dq=a-(ma+nb)q=(1-qm)a-nqb$$

可见，r 是 a 与 b 的线性组合．而 d 是 a 与 b 线性组合所能表示的最小的正整数，且 $0\leqslant r<d$，故 $r=0$．因此 $a=dq$，从而 $d\,|\,a$．

类似可证 $d\,|\,b$．故 d 是 a 与 b 的公因数．

（2）设 c 是 a 与 b 的任意一个公因数，则 $c\,|\,a$，$c\,|\,b$，故 $c\,|\,ma+nb=d$，从而 $d\geqslant c$，即 d 是 a 与 b 的最大公因数．

【例 1.2.9】 有两个整数 $a=168$ 和 $b=132$，求整数 s、t，使得 $as+bt=(a,b)$．

解 计算最大公因数的过程如下：

计算过程	备注
$168=132+36$	$(168,132)=(132,36)$
$132=36\times3+24$	$(132,36)=(36,24)$
$36=24+12$	$(36,24)=(24,12)$
$24=12\times2$	$(24,12)=(12,0)=12$

把这个过程逆向写出，即得

计算过程	最大公因数表示
$12=36-24$	36 和 24 的线性组合
$=36-(132-36\times3)=36\times4-132$	132 和 36 的线性组合
$=(168-132)\times4-132=168\times4-132\times5$	168 和 132 的线性组合

故 $12=168\times4-132\times5$．

最后一步是把中间的符号变为"+"，即 $12=168\times4+132\times(-5)$，故

$$s=4, t=-5$$

【例 1.2.10】 有两个整数 $a=172$ 和 $b=46$,求整数 s、t,使得 $as+bt=(a, b)$.

解 为方便求解,此处把求 172 和 46 的最大公因数的过程列出来.

计算过程	备注
$172=46\times3+34$	$(172, 46)=(46, 34)$
$46=34+12$	$(46, 34)=(34, 12)$
$34=12\times2+10$	$(34, 12)=(12, 10)$
$12=10+2$	$(12, 10)=(10, 2)$
$10=5\times2$	$(10, 2)=(2, 0)=2$

把这个过程逆向写出,即得

计算过程	最大公因数表示
$2=\underline{12}-\underline{10}$	12 和 10 的线性组合
$=\underline{12}-(\underline{34}-\underline{12}\times2)=\underline{12}\times3-\underline{34}$	34 和 12 的线性组合
$=(\underline{46}-\underline{34})\times3-\underline{34}=\underline{46}\times3-\underline{34}\times4$	46 和 34 的线性组合
$=\underline{46}\times3-(\underline{172}-\underline{46}\times3)\times4=\underline{46}\times15-\underline{172}\times4$	172 和 46 的线性组合

故 $2=\underline{46}\times15-\underline{172}\times4$.

最后一步是把中间的符号变为"+",即 $2=46\times15+172\times(-4)$,故

$$s=-4, t=15$$

在逆向写出的过程中,要注意哪些数值是能合并的,也就是清楚当前所求的线性表达式是哪两个整数的线性组合. 在例题中用下画线进行了标注.

在本课程中,求整数 a 和 b 的线性和来表示它们的最大公因数,是解一次同余方程和一次同余方程组的基础,在密码学中也广泛使用.

如前文所提到的,裴蜀数有多组. 例如,由 $2=46\times15+172\times(-4)$ 可知,

$$2=46\times\left(15+\frac{172}{(46, 172)}\times m\right)+172\times\left(-4+\frac{46}{(46, 172)}\times(-m)\right), m\in\mathbf{Z},$$ 仍

然使等式成立. m 的任意一个取值,都会得到一组裴蜀数. 后面会学到,$\frac{46\times172}{(46, 172)}$ 实际上就是 46 和 172 的最小公倍数. 下面的定理给出了这种不定方程的所有解的表达式.

【定理 1.2.6】 设 a、b、c 是整数且 $d=(a, b)$,对于方程 $ax+by=c$,如

果 $d \nmid c$，那么方程没有整数解. 如果 $d \mid c$，则存在无穷多个整数解. 另外，如果 $x = x_0$，$y = y_0$ 是方程的一个特解，那么所有的解可以表示为 $x = x_0 + (b/d)n$，$y = y_0 - (a/d)n$，n 为整数.

【定理 1.2.7】 整数 a、b 互素当且仅当存在整数 s、t，使得 $sa + tb = 1$.

证明 必要性：由定理 1.2.5 知成立.

充分性：设 $d = (a,b)$ 且有 $sa + tb = 1$，则由 $d \mid a$ 和 $d \mid b$ 知 $d \mid sa + tb = 1$，故 $d = 1$.

【例 1.2.11】 有两个整数 $a = 40$ 和 $b = 7$，求整数 s、t，使得 $as + bt = (a,b)$.

解 先求 40 和 7 的最大公因数. 因为
$$40 = 5 \times 7 + 5, 7 = 5 \times 1 + 2, 5 = 2 \times 2 + 1$$
故 $(40, 7) = 1$.

再逆向迭代求 s 和 t. 因为
$$1 = 5 - 2 \times 2 = 5 - 2 \times (7 - 5 \times 1) = 5 \times 3 - 2 \times 7$$
$$= (40 - 5 \times 7) \times 3 - 2 \times 7 = 40 \times 3 - 17 \times 7$$
$$= 40 \times 3 + (-17) \times 7$$
故 $s = 3$，$t = -17$.

【例 1.2.12】 有两个整数 $a = 206$ 和 $b = 89$，求整数 s、t，使得 $as + bt = (a,b)$.

解 先求 206 和 89 的最大公因数 a. 因为
$$206 = 89 \times 2 + 28, 89 = 28 \times 3 + 5, 28 = 5 \times 5 + 3, 5 = 3 + 2, 3 = 2 + 1$$
故 $(206, 89) = 1$.

再逆向迭代求 s 和 t. 因为
$$1 = 3 - 2 = 3 - (5 - 3) = 2 \times 3 - 5 = (28 - 5 \times 5) \times 2 - 5 = 28 \times 2 - 5 \times 11$$
$$= 28 \times 2 - (89 - 28 \times 3) \times 11 = 28 \times 35 - 89 \times 11$$
$$= (206 - 89 \times 2) \times 35 - 89 \times 11 = 206 \times 35 - 89 \times 81$$
$$= 206 \times 35 + 89 \times (-81)$$
故 $s = 35$，$t = -81$.

以上两个例题中，由于 a、b 两个数都不是很大，容易知道 $(40, 7) = 1$，$(206, 89) = 1$，计算的结果也验证了这一点，但由 $(a,b) = 1$ 不容易看出线性表达式中 s、t 的值，还需要进行计算.

下面给出实现求解定理 1.2.5 中线性表达式的一个 C 语言程序. 函数实

现时，默认 num1、num2 都为正整数，num1＞num2，且不大于 2^{32}. 由现有结论知，执行循环的次数最多为lb$n$，故定义一维数组 a[32]、b[32]的长度为 32.

```
void Euclid(unsigned int num1, unsigned int num2)
{
    int a[32], b[32];
    int inv_a, inv_b, tmp;
    int i=0, j=0;
    a[0]=num1;
    b[0]=num2;
    while(a[i]%b[j]!=0)
    {
        printf("%d=%d * %d+%d\n", a[i], a[i]/b[j], b[j], a[i]%b[j]);
        i++;
        j++;
        a[i]=b[j-1];
        b[j]=a[i-1]%b[j-1];
    }
    printf("%d=%d * %d+%d\n\n", a[i], a[i]/b[j], b[j], a[i]%b[j]);
    /////////////回代过程////////////////////////////////////
    i--; j--;
    inv_a=1;
    inv_b=-a[i]/b[j];
    printf("%d\n", a[i]%b[j]);
    for(; i>=0, j>=0; i--, j--)
    {
        printf("  =%d * (%d)+%d×(%d)\n", a[i], inv_a, b[j], inv_b);
        tmp=inv_a;
        inv_a=inv_b;
        inv_b=tmp-a[i-1]/b[j-1] * inv_b;
    }
}
```

下面给出程序的一个运行结果：

```
209=3×59+32
59=1×32+27
32=1×27+5
27=5×5+2
```

$$5 = 2 \times 2 + 1$$
$$2 = 2 \times 1 + 0$$
$$1$$
$$= 5 \times (1) + 2 \times (-2)$$
$$= 27 \times (-2) + 5 \times (11)$$
$$= 32 \times (11) + 27 \times (-13)$$
$$= 59 \times (-13) + 32 \times (24)$$
$$= 209 \times (24) + 59 \times (-85)$$

在很多的初等数论教材中，给出了以下结论，可以求解定理 1.2.5 中的线性表达式，不过没有输出中间过程.

【**定理 1.2.8**】　设 a、b 是任意两个正整数，则
$$s_n a + t_n b = (a, b)$$
对于 $j = 2, \cdots, n$，这里 s_j、t_j 归纳地定义为
$$\begin{cases} s_0 = 1, \ s_1 = 0, \ s_j = s_{j-2} - q_{j-1} s_{j-1} \\ t_0 = 0, \ t_1 = 1, \ t_j = t_{j-2} - q_{j-1} t_{j-1} \end{cases} \quad j = 2, \cdots, n-1, n$$
其中 q_j 是欧几里德算法中每一步的商，即 $r_{j-1} = r_j q_j + r_{j+1}$，$0 \leqslant r_{j+1} < r_j$.

证明　只需证明：对于 $j = 0, 1, 2, \cdots, n-1, n$，有 $s_j a + t_j b = r_j$. 因为 $(a, b) = r_n$，所以 $s_n a + t_n b = (a, b)$.

用数学归纳法证明.

当 $j = 0$ 时，$s_0 = 1$，$t_0 = 0$，$s_0 a + t_0 b = a = r_0$，结论成立.

当 $j = 1$ 时，$s_1 = 0$，$t_1 = 1$，$s_1 a + t_1 b = b = r_1$，结论成立.

假设结论对于 $1 \leqslant j \leqslant k-1$ 成立，即
$$s_j a + t_j b = r_j$$
对于 $j = k$，有
$$r_k = r_{k-2} - r_{k-1} q_{k-1}$$
利用归纳假设得到
$$\begin{aligned} r_k &= (s_{k-2} a + t_{k-2} b) - (s_{k-1} a + t_{k-1} b) q_{k-1} \\ &= (s_{k-2} - q_{k-1} s_{k-1}) a + (t_{k-2} - q_{k-1} t_{k-1}) b \\ &= s_k a + t_k b \end{aligned}$$
因此，结论对于 $j = k$ 成立.

根据数学归纳法的原理，结论对所有的 $j = 2, \cdots, n-1, n$ 都成立.

根据定理 1.2.8，编写程序易于求得 s_n、t_n.

有的教材称定理 1.2.8 为扩展欧几里德算法，有的教材称前述欧几里德算

法(辗转相除法)为扩展欧几里德算法,读者在参考其他教材时需要注意.

【定理 1.2.9】 若 $d>0$ 是 a 与 b 的最大公因数,则

(1) $d\,|\,a$,$d\,|\,b$;

(2) 若 $e\,|\,a$,$e\,|\,b$,则 $e\,|\,d$.

证明 (1) 因 d 是 a 与 b 的最大公因数,故结论成立.

(2) 由定理 1.2.5 知,存在整数 s、t,使得 $d=(a,b)=sa+tb$. 若 $e\,|\,a$,$e\,|\,b$,则 $e\,|\,sa+tb=d$.

事实上,从前面给出的短除法的求解过程,可以直观理解结论.

1.3 最小公倍数

【定义 1.3.1】 设 a_1,a_2,$\cdots$,a_n 为整数,若 m 是这些数的倍数,则称 m 为这 n 个数的一个**公倍数**. 所有公倍数中最小的正整数称为**最小公倍数**,记为 $[a_1,a_2,\cdots,a_n]$.

$m=[a_1,a_2,\cdots,a_n]$ 可以等价定义为:

(i) $a_i\,|\,m$ $(1\leqslant i\leqslant n)$;

(ii) 若 $a_i\,|\,m'$ $(1\leqslant i\leqslant n)$,则 $m\,|\,m'$.

由定义可知,公倍数有无穷多,公因数只有有限个.

【例 1.3.1】 求最小公倍数 $[168,90]$.

解 用短除法求解 $(168,90)$ 的过程如下:

$$
\begin{array}{r|rr}
2 & 168 & 90 \\
3 & 84 & 45 \\
\hline
 & 28 & 15
\end{array}
$$

故 168 和 90 的最小公倍数 $[168,90]=2\times3\times28\times15=2520$.

最小公倍数具有如下性质:

① 设 a、b 是两个互素正整数,那么

(i) 若 $a\,|\,m$,$b\,|\,m$,则 $ab\,|\,m$;

(ii) $[a,b]=ab$.

证明 (i) 因 $a\,|\,m$,则存在整数 k,使得 $m=ak$. 又 $b\,|\,m$,即 $b\,|\,ak$,而 $(a,b)=1$,故 $b\,|\,k$,即存在整数 t,使得 $k=bt$,故 $m=abt$,从而 $ab\,|\,m$.

(ii) 因 ab 是 a、b 的公倍数,又由结论(i)和等价定义知 ab 是最小公倍数.

② 设 a、b 是两个正整数，则 $[a,b] = \dfrac{ab}{(a,b)}$.

证明　令 $d=(a,b)$，则 $\left(\dfrac{a}{d}, \dfrac{b}{d}\right)=1$.

由性质①知 $\left[\dfrac{a}{d}, \dfrac{b}{d}\right]=\dfrac{a}{d} \cdot \dfrac{b}{d}$，即

$$\left[\dfrac{a}{d}, \dfrac{b}{d}\right]d=\dfrac{a}{d} \cdot \dfrac{b}{d} \cdot d=\dfrac{ab}{d}$$

又知对任何整数 $t>0$，有 $t[a,b]=[ta,tb]$，从而有

$$[a,b]=\left[\dfrac{a}{d} \cdot d, \dfrac{b}{d} \cdot d\right]=\left[\dfrac{a}{d}, \dfrac{b}{d}\right]d=\dfrac{ab}{d}$$

这是求 $[a,b]$ 的方法之一. (a,b) 可以由欧几里德算法求得，代入公式即求得 $[a,b]$.

【例 1.3.2】　求 168 和 132 的最小公倍数.

　解　先求 168 和 132 的最大公因数. 因为
$$168=132+36,\ 132=36 \times 3+24,\ 36=24+12,\ 24=12 \times 2$$
故 $(168,132)=12$.

再由性质②求得 $[168,132]=168 \times 132/12=168 \times 11=1848$.

【例 1.3.3】　求 172 和 46 的最小公倍数.

　解　先求 172 和 46 的最大公因数. 因为
$$172=46 \times 3+34,\ 46=34+12,\ 34=12 \times 2+10,\ 12=10+2,\ 10=5 \times 2$$
故 $(172,46)=2$.

再由性质②求得 $[172,46]=172 \times 46/2=172 \times 23=3956$.

③ 设 a、b 是两个正整数，若 $a|m$，$b|m$，则 $[a,b]|m$.

　证明　令 $d=(a,b)$，故 $\dfrac{a}{d}$、$\dfrac{b}{d}$ 为整数. 又 $a|m$，故 $\dfrac{m}{d}$ 为整数. 因 $a|m$，$b|m$，故 $\dfrac{a}{d} \Big| \dfrac{m}{d}$，$\dfrac{b}{d} \Big| \dfrac{m}{d}$. 又 $\left(\dfrac{a}{d}, \dfrac{b}{d}\right)=1$，故 $\dfrac{a}{d} \cdot \dfrac{b}{d} \Big| \dfrac{m}{d}$，于是 $\dfrac{ab}{d} \Big| m$，也即 $[a,b]|m$.

　【推论】　设 $a_1, a_2, \cdots, a_n$ 是 n 个整数，如果 $a_1|m$，$a_2|m$，$\cdots$，$a_n|m$，则 $[a_1, a_2, \cdots, a_n]|m$.

④ 设 $a_1, a_2, \cdots, a_n$ 为整数，令 $[a_1, a_2]=m_2$，$[m_2, a_3]=m_3$，$\cdots$，$[m_{n-1}, a_n]=m_n$，则 $[a_1, a_2, \cdots, a_n]=m_n$.

【例 1.3.4】 求最小公倍数[120,150,210,35].

解 因为

$$[120,150]=\frac{120\times150}{(120,150)}=\frac{120\times150}{30}=600$$

$$[600,210]=\frac{600\times210}{(600,210)}=\frac{600\times210}{30}=4200$$

$$[4200,35]=\frac{4200\times35}{(4200,35)}=\frac{4200\times35}{35}=4200$$

故

$$[120,150,210,35]=4200$$

即

$$[120,150,210,35]=[[[120,150],210],35]$$
$$=[[600,210],35]$$
$$=[4200,35]=4200$$

1.4　算术基本定理

【定理 1.4.1】 (算术基本定理)任一整数 $n>1$ 都可以表示成素数的乘积,且在不考虑乘积顺序的情况下,该表达式是唯一的,即

$$n=p_1p_2\cdots p_k,\ p_1\leqslant p_2\leqslant\cdots\leqslant p_k$$

【例 1.4.1】 写出整数 45、49、100、128 的因数分解式.

解 由定理 1.4.1 知

$$45=3\cdot3\cdot5$$
$$49=7\cdot7$$
$$100=2\cdot2\cdot5\cdot5$$
$$128=2\cdot2\cdot2\cdot2\cdot2\cdot2\cdot2$$

【定理 1.4.2】 任一整数 $n>1$ 都可以唯一地表示成

$$n=p_1^{\alpha_1}p_2^{\alpha_2}\cdots p_k^{\alpha_k},\ \alpha_i>0,\ i=1,2,\cdots,k$$

其中 $p_1<p_2<\cdots<p_k$ 且均为素数. 该等式称为 n 的**标准分解式**.

【例 1.4.2】 写出整数 45、49、100、128 的标准分解式.

解 由例 1.4.1 知

$$45=3^2\cdot5,\ 49=7^2,\ 100=2^2\cdot5^2,\ 128=2^7$$

【例 1.4.3】 写出整数 168、132 的标准分解式.

解
$$168 = 2 \cdot 2 \cdot 2 \cdot 3 \cdot 7 = 2^3 \cdot 3 \cdot 7$$
$$132 = 2 \cdot 2 \cdot 3 \cdot 11 = 2^2 \cdot 3 \cdot 11$$

【例 1.4.4】 写出整数 172、46 的标准分解式.

解
$$172 = 2 \cdot 2 \cdot 43 = 2^2 \cdot 43, \quad 46 = 2 \cdot 23$$

【定理 1.4.3】 设整数 $n > 1$ 有标准分解式
$$n = p_1^{\alpha_1} p_2^{\alpha_2} \cdots p_k^{\alpha_k}, \quad \alpha_i > 0, \; i = 1, 2, \cdots, k$$
若 d 是 n 的正因数，则
$$d = p_1^{\beta_1} p_2^{\beta_2} \cdots p_k^{\beta_k}, \quad 0 \leqslant \beta_i \leqslant \alpha_i, \; i = 1, 2, \cdots, k$$

【定理 1.4.4】 设正整数 a、b 的标准分解式为
$$a = p_1^{\alpha_1} p_2^{\alpha_2} \cdots p_k^{\alpha_k}, \quad \alpha_i \geqslant 0, \; i = 1, 2, \cdots, k$$
$$b = p_1^{\beta_1} p_2^{\beta_2} \cdots p_k^{\beta_k}, \quad \beta_i \geqslant 0, \; i = 1, 2, \cdots, k$$
令 $r_i = \min(\alpha_i, \beta_i)$，$s_i = \max(\alpha_i, \beta_i)$，则有
$$(a, b) = p_1^{r_1} p_2^{r_2} \cdots p_k^{r_k}$$
$$[a, b] = p_1^{s_1} p_2^{s_2} \cdots p_k^{s_k}$$

【例 1.4.5】 计算 168、132 的最大公因数和最小公倍数.

解 因为
$$168 = 2 \cdot 2 \cdot 2 \cdot 3 \cdot 7 = 2^3 \cdot 3 \cdot 7$$
$$132 = 2 \cdot 2 \cdot 3 \cdot 11 = 2^2 \cdot 3 \cdot 11$$
故
$$(168, 132) = 2^2 \cdot 3 \cdot 7^0 \cdot 11^0 = 2^2 \cdot 3 = 12$$
$$[168, 132] = 2^3 \cdot 3 \cdot 7 \cdot 11 = 1848$$

【例 1.4.6】 计算 172、46 的最大公因数和最小公倍数.

解 因为
$$172 = 2 \cdot 2 \cdot 43 = 2^2 \cdot 43, \quad 46 = 2 \cdot 23$$
故
$$(172, 46) = 2 \cdot 43^0 \cdot 23^0 = 2, \quad [172, 46] = 2^2 \cdot 43 \cdot 23 = 3956$$

【例 1.4.7】 计算 120、150、210、35 的最大公因数和最小公倍数.

解 因为
$$120 = 2^3 \cdot 3 \cdot 5, \; 150 = 2 \cdot 3 \cdot 5^2$$
$$210 = 2 \cdot 3 \cdot 5 \cdot 7, \; 35 = 5 \cdot 7$$

故

$$(120,150,210,35)=2^0 \cdot 3^0 \cdot 5 \cdot 7^0 = 5$$
$$[120,150,210,35]=2^3 \cdot 3 \cdot 5^2 \cdot 7 = 4200$$

习　题　1

一、判断题

1. 设 n 是一个正合数，p 是 n 的大于 1 的正因数，则 $p \leqslant \sqrt{n}$.　　　（　）

2. 若 a、b 互素，则存在整数 s、t，使得 $sa+tb=1$.　　　（　）

3. 若 k 是任一正整数，则 $(ak,bk)=(a,b)$.　　　（　）

4. 设 a、b、c 是三个整数，且 $b \neq 0$，$c \neq 0$，如果 $(a,c)=1$，则 $(ab,c)=(b,c)$.　　　（　）

5. 设 a、b 是两个正整数，若 $a|m$，$b|m$，则 $[a,b]|m$.　　　（　）

6. 设 a、b、c 是三个整数，且 $c \neq 0$，如果 $c|ab$，$(a,c)=1$，则 $c|b$.　　　（　）

7. 设 a、b、$c \neq 0$ 是三个整数，若 $c|a$，$c|b$，且存在整数 s、t，使得 $m=sa+tb$，则 $c|m$.　　　（　）

8. 设 a、b 是两个整数，其中 $b>0$，则对任意的整数 c，存在唯一的整数 q、r，使得 $a=bq+r$，$c<r<b+c$.　　　（　）

9. 设 a、b 是两个整数，其中 $b>0$，则存在唯一的整数 q、r，使得 $a=bq+r$，$0<r<b$.　　　（　）

10. 设 a、b、m 是正整数，若 $a|m$，$b|m$，则 $ab|m$.　　　（　）

二、综合题

1. 判断 101 是否为素数.

2. 求最大公因数.

(1) $(55,85)$；　(2) $(202,282)$；　(3) $(78,169)$.

3. 计算最大公因数 $(368,299,552)$.

4. 设 a、b、c 是整数，求 $72a+108b+96c$ 所能表示的最小正整数，并求出此时 a、b、c 的值.

5. 已知 $a=66$，$b=75$，求整数 x、y，使得 $ax+by=(a,b)$ 成立.

6. 有两个正整数 a 和 b，则存在 s 和 t 是整数，使得 $as+bt=(a,b)$. 现假设 $a=551$，$b=203$，求 s、t.

7. 有两个整数 437 和 322，设 s 和 t 是整数，求 $437s+322t$ 所能表示的最

小正整数.

8. 求 1225 的标准分解式.

9. 写出 600 的标准分解式.

10. 写出 1176 的标准分解式.

11. 求最小公倍数.

(1) $[49,77]$;　　(2) $[78,169]$.

12. 编程实现定理 1.2.8.

第 2 章　同　　余

著名数学家高斯于 19 世纪初提出了同余的概念. 同余在生活中有广泛的应用. 比如一周为 7 天, 假设今天是星期二, 再过 20 天是星期几; 一天是 24 小时, 假设现在是 17 点, 再过 73 小时是几点; 还有中国的甲子纪年等, 都有同余的影子在里面.

密码学中, 很多密码算法如公钥密码算法的 RSA 算法、对称密码算法的 AES 算法、Diffie-Hellman 密钥交换算法、数字签名标准(Digital Signature Standard, DSS)以及椭圆曲线密码学等都用到了同余运算. 同余运算是应用密码学的重要基础.

2.1　同余的基本性质

【定义 2.1.1】　给定一个正整数 m 和两个整数 a、b, 如果 $a-b$ 被 m 整除, 也即 $m \mid a-b$, 则称 a 和 b 模 m **同余**, 记作 $a \equiv b \pmod{m}$; 否则称 a 和 b 模 m 不同余, 记作 $a \not\equiv b \pmod{m}$.

注　由于 $m \mid a-b$ 时, $-m \mid a-b$, 因此 $a \equiv b \pmod{m}$ 总假定模 m 为正整数.

【例 2.1.1】　因为 $7 \mid 28=29-1$, 故 $29 \equiv 1 \pmod 7$.

因为 $7 \mid 21=27-6$, 故 $27 \equiv 6 \pmod 7$.

因为 $7 \mid 28=23-(-5)$, 故 $23 \equiv -5 \pmod 7$.

因为 $7 \nmid 20=25-5$, 故 $25 \not\equiv 5 \pmod 7$.

简言之, 模数 m 为大于 1 的整数, 可以把 $a \pmod{m}$ 看成是带余除法一般表达式中的余数.

如果 $a=mq_1+r_1$, $b=mq_2+r_2$, 则 a 和 b 模 m 同余, 即是说当限制 $0 \leqslant r_1$, $r_2 < m$ 时, $r_1=r_2$, 即余数相同.

下面给出同余运算一些常用的性质.

【定理 2.1.1】　设 m 是一个正整数, a、b 是两个整数, 则 $a \equiv b \pmod{m}$

当且仅当存在整数 k，使得 $a=b+km$.

　　证明　先证必要性. 因为 $a\equiv b(\bmod m)$ 也即 $m\mid a-b$，故存在整数 k，使得 $a-b=km$，即 $a=b+km$.

　　再证充分性. 若 $a=b+km$，则 $a-b=km$，故 $m\mid a-b$，也即 $a\equiv b(\bmod m)$.

　　例如：$27\equiv 6(\bmod 7)$，因为 $27=6+3\times 7$；$23\equiv 2(\bmod 7)$，因为 $23=2+3\times 7$.

　　综上，a 和 b 模 m 同余，意味着 $a\equiv b(\bmod m)$，$m\mid a-b$，以及存在整数 k 使得 $a=b+km$. 或者说，这三个命题里面若有一个成立，则另外两个成立.

　　【定理 2.1.2】　设 m 是一个正整数，则模 m 同余是等价关系，即满足下述性质：

　　(1) 自反性：对整数 a，有 $a\equiv a(\bmod m)$；

　　(2) 对称性：对整数 a 和 b，若 $a\equiv b(\bmod m)$，则 $b\equiv a(\bmod m)$；

　　(3) 传递性：对整数 a、b 和 c，若 $a\equiv b(\bmod m)$ 且 $b\equiv c(\bmod m)$，则 $a\equiv c(\bmod m)$.

　　证明　性质(1)、(2)容易理解，下面证明性质(3).

　　(3) 由 $a\equiv b(\bmod m)$ 知 $m\mid a-b$，由 $b\equiv c(\bmod m)$ 知 $m\mid b-c$，所以 m 整除 $a-b$ 和 $b-c$ 的线性组合，故

$$m\mid (a-b)+(b-c)=a-c$$

即 $m\mid a-c$，亦即 $a\equiv c(\bmod m)$.

　　【定理 2.1.3】　设 m 为正整数，a、b、c、d 为整数，如果 $a\equiv b(\bmod m)$，$c\equiv d(\bmod m)$，则

　　(i) $a+c\equiv b+d(\bmod m)$；

　　(ii) $ac\equiv bd(\bmod m)$.

　　证明　已知 $a\equiv b(\bmod m)$ 且 $c\equiv d(\bmod m)$，则存在整数 h 和 k，使得

$$a=b+hm \text{ 且 } c=d+km$$

故

$$a+c=(b+hm)+(d+km)=b+d+(h+k)m$$

$$ac=(b+hm)(d+km)=bd+(hd+kb+hkm)m$$

由定理 2.1.1 即得结论.

　　【例 2.1.2】　举例说明定理 2.1.3.

　　设 $m=7$，$a=5$，$b=19$. 因 $19=7\times 2+5$，故 $19\equiv 5(\bmod 7)$，即 $a\equiv b(\bmod m)$.

又设 $c=4$，$d=39$，因 $39=7\times5+4$，故 $39\equiv4(\bmod7)$，即 $c\equiv d(\bmod m)$。

计算易得，$a+c=5+4=9$，$b+d=19+39=58$。

因 $9=7\times1+2$，$58=7\times8+2$，故 $9\equiv2(\bmod7)$，$58\equiv2(\bmod7)$，即 $a+c\equiv b+d(\bmod m)$。

计算易得，$a\times c=5\times4=20$，$b\times d=19\times39=741$。

因 $20=7\times2+6$，$741=105\times7+6$，故 $20\equiv6(\bmod7)$，$741\equiv6(\bmod7)$，即 $ac\equiv bd(\bmod m)$。

在进行同余运算时，注意使用下面的规则：

(1) $a+b(\bmod m)\equiv(a(\bmod m)+b(\bmod m))(\bmod m)$。

(2) $ab(\bmod m)\equiv(a(\bmod m)\times b(\bmod m))(\bmod m)$。

比如，在例 2.1.2 中，
$$19+39(\bmod7)\equiv(19(\bmod7)+39(\bmod7))(\bmod7)$$
$$\equiv5+4(\bmod7)\equiv9(\bmod7)\equiv2(\bmod7)$$
$$19\times39(\bmod7)\equiv(19(\bmod7)\times39(\bmod7))(\bmod7)$$
$$\equiv5\times4(\bmod7)\equiv20(\bmod7)\equiv6(\bmod7)$$

在后面的例题中，我们会简化计算过程，直接写成：
$$19+39\equiv5+4\equiv9\equiv2(\bmod7)$$
$$19\times39\equiv5\times4\equiv20\equiv6(\bmod7)$$

特别地，设 m、n 为正整数，a、b、k 为整数，如果 $a\equiv b(\bmod m)$，则

【推论 1】 $a+k\equiv b+k(\bmod m)$。

【推论 2】 $ak\equiv bk(\bmod m)$。

【推论 3】 $na\equiv nb(\bmod m)$。

【推论 4】 $a^n\equiv b^n(\bmod m)$。

【推论 5】 $na(\bmod m)\equiv n(a(\bmod m))(\bmod m)$。

在前面推论的基础上，还可以做进一步推导。

【推论 6】 设 $n=n_1+n_2$，其中 n_1 和 n_2 都是整数，则
$$na(\bmod m)\equiv(n_1a(\bmod m)+n_2a(\bmod m))(\bmod m)$$
$$a^n(\bmod m)\equiv(a(\bmod m))^n(\bmod m)$$
$$\equiv((a(\bmod m))^{n_1}\times(a(\bmod m))^{n_2})(\bmod m)$$

【推论 7】 若 $x \equiv y \pmod{m}$，$a_i \equiv b_i \pmod{m}$ $(i = 0, 1, 2, \cdots, k)$，则

$$a_0 + a_1 x + a_2 x^2 + \cdots + a_k x^k \equiv b_0 + b_1 y + b_2 y^2 + \cdots + b_k y^k \pmod{m}$$

【例 2.1.3】 2019 年 10 月 22 日是星期二，问此后的第 2^7 天是星期几？

解 因为

$$2^7 + 2 \equiv (2^3)^2 \times 2 + 2 \equiv 8^2 \times 2 + 2 \equiv 1^2 \times 2 + 2 \equiv 4 \pmod{7}$$

所以，此后的第 2^7 天是星期四.

【例 2.1.4】 设十进制整数 $n = a_k a_{k-1} \cdots a_1 a_0$，若 $3 \mid n$，则 $3 \mid a_k + a_{k-1} + \cdots + a_1 + a_0$.

证明 因为

$$n = a_k a_{k-1} \cdots a_1 a_0 = a_k \times 10^k + a_{k-1} \times 10^{k-1} + \cdots + a_1 \times 10 + a_0$$

故

$$n \pmod{3} \equiv a_k \times 10^k + a_{k-1} \times 10^{k-1} + \cdots + a_1 \times 10 + a_0 \pmod{3}$$
$$\equiv a_k + a_{k-1} + \cdots + a_1 + a_0 \pmod{3}$$

即得证.

【例 2.1.5】 计算 $15^7 \pmod{55}$.

解 $15^7 \equiv (15^2)^3 \times 15 \equiv 225^3 \times 15 \equiv 5^3 \times 15 \equiv 15 \times 15 \equiv 225 \equiv 5 \pmod{55}$.

【例 2.1.6】 计算 $7^{22} \pmod{31}$.

解 $7^{22} \equiv (7^3)^7 \times 7 \equiv 343^7 \times 7 \equiv 2^7 \times 7 \equiv 2^5 \times 2^2 \times 7 \equiv 1 \times 4 \times 7 \equiv 28 \pmod{31}$.

【定理 2.1.4】 设 m 为正整数，a、b、d 为整数，$ad \equiv bd \pmod{m}$. 若 $(d, m) = 1$，则 $a \equiv b \pmod{m}$.

证明 由 $ad \equiv bd \pmod{m}$ 可得

$$m \mid ad - bd = (a - b)d$$

而 $(d, m) = 1$，故 $m \mid a - b$，即 $a \equiv b \pmod{m}$.

【例 2.1.7】 已知 $95 \equiv 25 \pmod{7}$，因为 $19 \times 5 \equiv 5 \times 5 \pmod{7}$，又因为 $(5, 7) = 1$，故 $19 \equiv 5 \pmod{7}$.

【例 2.1.8】 （反例）已知 $115 \equiv 25 \pmod{15}$，即 $23 \times 5 \equiv 5 \times 5 \pmod{15}$，因为 $(5, 15) = 5$，故 $23 \not\equiv 5 \pmod{15}$.

定理 2.1.3 的推论 3 的逆命题为：设 m、n 为正整数，a、b 为整数，若 $an \equiv bn \pmod{m}$，则 $a \equiv b \pmod{m}$. 对比定理 2.1.4 知，该命题并不成立. 加上限制条件 $(n, m) = 1$ 时，n 才可约去.

定理 2.1.3 的推论 3 和定理 2.1.4 这两个命题中改变的是等式两端的数值,模数不变.

【定理 2.1.5】 设 m 为正整数,a、b 为整数,若 $a \equiv b \pmod{m}$ 且 $k > 0$,则 $ak \equiv bk \pmod{mk}$.

证明 $a \equiv b \pmod{m}$,则存在整数 t,使得 $a - b = mt$. 等式两边乘以 k 得 $ak - bk = mkt$,故 $mk \mid ak - bk$,即 $ak \equiv bk \pmod{mk}$.

【例 2.1.9】 因为 $19 \equiv 5 \pmod 7$,$k = 4 > 0$,所以 $19 \times 4 \equiv 5 \times 4 \pmod{7 \times 4}$,即 $76 \equiv 20 \pmod{28}$.

【定理 2.1.6】 设 m 为正整数,a、b 为整数,$a \equiv b \pmod m$,$d \mid (a, b, m)$ 且 $d > 0$,则 $\dfrac{a}{d} \equiv \dfrac{b}{d} \left(\bmod \dfrac{m}{d} \right)$.

证明 因 $d \mid (a, b, m)$,故存在整数 a'、b'、m',使得
$$a = da', \quad b = db', \quad m = dm'$$
又 $a \equiv b \pmod m$,故存在整数 k,使得 $a = b + mk$,即
$$da' = db' + dm'k$$
等式两端消去 d 得
$$a' = b' + m'k$$
等式两端再模 m' 得
$$a' \equiv b' \pmod{m'}$$
即
$$\frac{a}{d} \equiv \frac{b}{d} \left(\bmod \frac{m}{d} \right)$$

可见,定理 2.1.5 和定理 2.1.6 互为逆命题. 这两个命题中改变的是等式两端的数值和模数.

【例 2.1.10】 已知 $190 \equiv 50 \pmod{70}$,取 $d = 10$,则 $\dfrac{190}{10} \equiv \dfrac{50}{10} \left(\bmod \dfrac{70}{10} \right)$,即 $19 \equiv 5 \pmod 7$.

【定理 2.1.7】 设 m 为正整数,a、b 为整数,$a \equiv b \pmod m$ 且 $d \mid m$,则 $a \equiv b \pmod d$.

证明 因 $a \equiv b \pmod m$,故 $m \mid a - b$.
又 $d \mid m$,由整除的传递性知 $d \mid a - b$,即 $a \equiv b \pmod d$.

【例 2.1.11】　已知 $190 \equiv 50 (\bmod 70)$，取 $d = 7$，因 $7 \mid 70$，故 $190 \equiv 50 (\bmod 7)$.

【定理 2.1.8】　设 a、b 为整数，$a \equiv b (\bmod m_i)(i = 1, 2, \cdots, k)$ 的充分必要条件是 $a \equiv b (\bmod [m_1, m_2, \cdots, m_k])$.

　　证明　$a \equiv b (\bmod m_i)$ 当且仅当 $m_i \mid a - b$，则 $[m_1, m_2, \cdots, m_k] \mid a - b$，即
$$a \equiv b (\bmod [m_1, m_2, \cdots, m_k])$$
以上证明过程步步可逆.

　　仔细观察可以发现，定理 2.1.7 和定理 2.1.8 的充分条件可以理解为同一个命题. 定理 2.1.7 和定理 2.1.8 这两个命题中改变的是模数.

【例 2.1.12】　已知 $190 \equiv 50 (\bmod 28)$，$190 \equiv 50 (\bmod 35)$，且 $[28, 35] = 140$，则 $190 \equiv 50 (\bmod 140)$.

【定理 2.1.9】　设 m 为正整数，a、b 为整数，$a \equiv b (\bmod m)$，则 $(a, m) = (b, m)$.

　　证明　由于 $a \equiv b (\bmod m)$，故存在整数 k，使得 $a = mk + b$，从而有 $(a, m) = (b, m)$.

2.2　完全剩余系

　　设 m 为正整数，记 $C_a = \{c \mid c \in \mathbf{Z}, a \equiv c (\bmod m)\}$，则 C_a 非空（因为至少有 $a \in C_a$）.

　　例如，设 $m = 5$，$a = 1$，则 $C_1 = \{\cdots, -4, 1, 6, \cdots\}$，也就是和 1 模 5 同余的整数的集合.

【定理 2.2.1】　设 m 是一个正整数，则
　　(1) 任一整数必包含在某个 C_r 中，$0 \leqslant r \leqslant m - 1$；
　　(2) $C_a = C_b$ 当且仅当 $a \equiv b (\bmod m)$；
　　(3) $C_a \bigcap C_b = \varnothing$ 当且仅当 $a \not\equiv b (\bmod m)$.
　　证明　(1) 设 a 是一个整数，由带余除法，有
$$a = mq + r, \quad 0 \leqslant r < m$$
因此 $r \equiv a (\bmod m)$，于是 a 属于 C_r.
　　(2) 先证必要性. 设 $C_a = C_b$，则 $a \in C_a = C_b$，故 $a \equiv b (\bmod m)$.

再证充分性. 因 $a \equiv b \pmod{m}$, 对任意 $c \in C_a$, $a \equiv c \pmod{m}$, 故 $b \equiv c \pmod{m}$, 即 $c \in C_b$, 从而 $C_a \subseteq C_b$.

同理, $C_b \subseteq C_a$, 从而 $C_a = C_b$.

(3) 先证必要性. 由(2)即得证.

再证充分性. 用反证法证明. 若 $a \not\equiv b \pmod{m}$ 时 $C_a \bigcap C_b \neq \varnothing$, 则可设 $c \in C_a$, $c \in C_b$, 从而有 $a \equiv c \pmod{m}$, $b \equiv c \pmod{m}$, 可得 $a \equiv b \pmod{m}$. 矛盾.

【**例 2.2.1**】　验证定理 2.2.1. 设 $m = 5$, 则 r 的取值为 $0, 1, 2, 3, 4$, 于是

$$C_0 = \{\cdots, -5, 0, 5, 10, 15, \cdots\}$$
$$C_1 = \{\cdots, -4, 1, 6, 11, \cdots\}$$
$$C_2 = \{\cdots, -3, 2, 7, 12, \cdots\}$$
$$C_3 = \{\cdots, -2, 3, 8, 13, \cdots\}$$
$$C_4 = \{\cdots, -1, 4, 9, 14, \cdots\}$$

对于定理 2.2.1 的性质(1), 因为 $C_0 \bigcup C_1 \bigcup C_2 \bigcup C_3 \bigcup C_4 = \mathbf{Z}$, 故任一整数必包含在某个 C_r 中.

对于性质(2), 例如 $1 \equiv 6 \pmod{5}$, 故 $C_1 = C_6$. 反之亦然.

对于性质(3), 例如 $1 \not\equiv 2 \pmod{5}$, 故 $C_1 \bigcap C_2 = \varnothing$. 反之亦然.

【**定义 2.2.1**】　集合 C_a 称为模 m 的 a 的**剩余类**. 模 m 的剩余类共有 m 个, 例如 $C_0, C_1, C_2, \cdots, C_{m-1}$. 一个剩余类中的任一个数称为该类的**剩余**.

例如, 例 2.2.1 中, C_1 是一个模 5 的剩余类. 这个剩余类里面的元素组成一个集合 $\{\cdots, -4, 1, 6, 11, \cdots\}$, 这是一个元素个数无限的集合, 这个集合里面的任一个数都称为该类的剩余.

同一个剩余类中的剩余, 在运算时的作用是完全等同的. 例如, 以模 5 的剩余类 C_1 为例, 该集合中有数字 1、6 和 11, $3+1 \equiv 3+6 \equiv 3+11 \pmod{5}$. 加数 3 没有变, 另一个加数由 1 变成了 6 或者 11, 运算之后的结果是同余的.

仍以模 5 的剩余类 C_1 为例, 换成乘法运算, $2 \times 1 \equiv 2 \times 6 \equiv 2 \times 11 \pmod{5}$, 乘数 2 没有变, 另一个乘数由 1 变成了 6 或者 11, 运算之后的结果是同余的.

【**定义 2.2.2**】　若 $r_0, r_1, \cdots, r_{m-1}$ 是 m 个整数, 且其中任何两个都不在

模 m 的同一个剩余类中，则称$\{r_0, r_1, \cdots, r_{m-1}\}$为模 m 的一个**完全剩余系**.

例如，0、1、2、3、4 是 5 个数，且任何两个都不在模 5 的某一个剩余类中，故称$\{0, 1, 2, 3, 4\}$为模 5 的一个完全剩余系. 由完全剩余系的定义知，集合$\{0, 6, 2, 8, 4\}$也是模 5 的一个完全剩余系，$\{5, 6, 2, 8, 9\}$也是模 5 的一个完全剩余系.

完全剩余系是一个集合，组成一个完全剩余系的方式之一就是从每个剩余类里任意抽取一个元素出来组成一个集合. 比如模 5 的一个完全剩余系，可以从 C_0，C_1，C_2，C_3，C_4 每个剩余类中任意抽取一个剩余组成的集合构成，如$\{0, 6, 2, 8, 4\}$或者$\{5, 6, 2, 8, 9\}$等.

注 每个剩余类中都包含了无穷多个整数，而模 m 的一个完全剩余系则恰好由 m 个数组成.

【**例 2.2.2**】 设 $m=10$，下面是模 10 的完全剩余系的举例：

(1) $\{0, 1, 2, \cdots, 9\}$；

(2) $\{1, 2, 3, \cdots, 10\}$；

(3) $\{0, -1, -2, \cdots, -9\}$；

(4) $\{0, 3, 6, 9, \cdots, 27\}$；

(5) $\{10, 11, 22, 33, 44, \cdots, 99\}$；

(6) $\{-4, -3, -2, \cdots, 4, 5\}$.

【**定理 2.2.2**】 设 r_0，r_1，$\cdots$，r_{m-1} 为整数，这 m 个整数为模 m 的一个完全剩余系当且仅当它们模 m 两两不同余.

该定理给出了判断一个集合是否为模 m 的一个完全剩余系的方法，即从 2 个方面进行判断：

(1) 该集合要有 m 个整数；

(2) 集合中任意两个数模 m 两两不同余.

例如，$\{0, 1, 2, 3, 4\}$是模 5 的一个完全剩余系. $\{36, 42, 58, 94\}$和$\{11, 37, 36, 42, 58, 94\}$不是模 5 的完全剩余系，因为集合的元素不是 5 个.

$\{35, 39, 43, 52, 94\}$是不是模 5 的一个完全剩余系呢？集合的元素个数是 5 个，就要去判断模 5 是不是两两不同余. 因为 $35 \equiv 0 \pmod{5}$，$39 \equiv 4 \pmod{5}$，$43 \equiv 3 \pmod{5}$，$52 \equiv 2 \pmod{5}$，$94 \equiv 4 \pmod{5}$，且 $39 \equiv 94 \equiv 4 \pmod{5}$，故该集合不是模 5 的一个完全剩余系.

【例 2.2.3】 模 m 的完全剩余系中:

(i) 集合 $\{0,1,\cdots,m-1\}$ 称为**最小非负完全剩余系**;

(ii) 集合 $\{1,2,\cdots,m\}$ 称为**最小正完全剩余系**;

(iii) **绝对值最小完全剩余系**是:

m 为偶数: $\left\{-\dfrac{m}{2},-\dfrac{m-2}{2},\cdots,\dfrac{m-2}{2}\right\}$ 或 $\left\{-\dfrac{m-2}{2},\cdots,\dfrac{m-2}{2},\dfrac{m}{2}\right\}$.

m 为奇数: $\left\{-\dfrac{m-1}{2},-\dfrac{m-3}{2},\cdots,\dfrac{m-1}{2}\right\}$.

在这些概念中,最小非负完全剩余系用得非常广泛,因为这个集合中的数比较符合人们的思维习惯. 例如前面判断集合 $\{35,39,43,52,94\}$ 是不是模 5 的一个完全剩余系,实际上就是对每个元素进行模 5 的简化运算,得到 $\{0,4,3,2,4\}$,将其与最小非负完全剩余系 $\{0,1,2,3,4\}$ 比较,然后进行判断.

【定理 2.2.3】 设 a 是满足 $(a,m)=1$ 的整数,b 为任意整数. 若 $\{r_0,r_1,\cdots,r_{m-1}\}$ 为模 m 的一个完全剩余系,则 $\{ar_0+b,ar_1+b,\cdots,ar_{m-1}+b\}$ 也是模 m 的一个完全剩余系.

证明 由定理 2.2.2 知,先证明(1) $ar_0+b,ar_1+b,\cdots,ar_{m-1}+b$ 是 m 个整数,然后证明(2)这 m 个整数模 m 两两不同余.

(1) 易知 $ar_0+b,ar_1+b,\cdots,ar_{m-1}+b$ 是 m 个整数.

(2) 用反证法证明. 若 $ar_i+b\equiv ar_j+b(\bmod m)$,其中 $0\leqslant i<j\leqslant m-1$,则 $ar_i\equiv ar_j(\bmod m)$. 又 $(a,m)=1$,故 $r_i\equiv r_j(\bmod m)$. 由题设知,$\{r_0,r_1,\cdots,r_{m-1}\}$ 为 m 的一个完全剩余系. 由定理 2.2.2 知,$r_i\not\equiv r_j(\bmod m)$. 矛盾. 产生矛盾的原因在于假设 $ar_i+b\equiv ar_j+b(\bmod m)$,其中 $0\leqslant i<j\leqslant m-1$,故 $ar_0+b,ar_1+b,\cdots,ar_{m-1}+b$ 模 m 两两不同余.

故 $\{ar_0+b,ar_1+b,\cdots,ar_{m-1}+b\}$ 是模 m 的一个完全剩余系.

反证法的思路可以描述为:设条件为 A,结论为 B,欲证明 A⇒B,改为通过已知 A∧∼B,推导出与现有结论相矛盾的结果,从而判断结论为 B.

在定理 2.2.3 中,用反证法来证明:已知 $\{r_0,r_1,\cdots,r_{m-1}\}$ 为模 m 的一个完全剩余系,$(a,m)=1$,则 $ar_i+b\not\equiv ar_j+b(\bmod m)$,其中 $0\leqslant i<j\leqslant m-1$. 改为通过已知 $\{r_0,r_1,\cdots,r_{m-1}\}$ 为模 m 的一个完全剩余系,$(a,m)=1$,存在 $ar_i+b\equiv ar_j+b(\bmod m)$,其中 $0\leqslant i<j\leqslant m-1$. 由修改后的已知条件推导出 $r_i\equiv r_j(\bmod m)$. 这与已知 $\{r_0,r_1,\cdots,r_{m-1}\}$ 为模 m 的一个完全剩余系

矛盾，故不存在 $ar_i+b\equiv ar_j+b(\bmod m)$，即 $ar_i+b\not\equiv ar_j+b(\bmod m)$.

【例 2.2.4】　验证定理 2.2.3. 设 $m=6$，模 m 的最小非负完全剩余系为 $\{0,1,2,3,4,5\}$. 取 $a=5$，$b=3$ 和 $a=3$，$b=2$ 两组不同的整数时，观察 ar_i+b 是否形成模 6 的一个完全剩余系. 结果见表 2.2.1.

表 2.2.1　验证定理 2.2.3

r_i	$ar_i+b(a=5，b=3)$	$ar_i+b(a=3，b=2)$
0	$5\times0+3=3$	$3\times0+2=2$
1	$5\times1+3=8\equiv2(\bmod6)$	$3\times1+2=5$
2	$5\times2+3=13\equiv1(\bmod6)$	$3\times2+2=8\equiv2(\bmod6)$
3	$5\times3+3=18\equiv0(\bmod6)$	$3\times3+2=11\equiv5(\bmod6)$
4	$5\times4+3=23\equiv5(\bmod6)$	$3\times4+2=14\equiv2(\bmod6)$
5	$5\times5+3=28\equiv4(\bmod6)$	$3\times5+2=17\equiv5(\bmod6)$

由表 2.2.1 可知：当 $a=5$，$b=3$ 时，集合 $\{3,8,13,18,23,28\}$ 为模 6 的一个完全剩余系；当 $a=3$，$b=2$ 时，因为 $a=3$ 与 6 不互素，不满足定理的条件，故集合 $\{2,5,8,11,14,17\}$ 不为模 6 的一个完全剩余系.

【定理 2.2.4】　设 m_1、m_2 是两个互素的正整数，若 x_1、x_2 分别遍历 m_1、m_2 的完全剩余系，则 $m_2x_1+m_1x_2$ 遍历模 m_1m_2 的完全剩余系.

证明　要证明 $m_2x_1+m_1x_2$ 遍历模 m_1m_2 的完全剩余系，相当于要证明两点：

（1）当 x_1、x_2 分别遍历 m_1、m_2 个整数时，$m_2x_1+m_1x_2$ 则遍历模 m_1m_2 个整数；

（2）m_1m_2 个整数 $m_2x_1+m_1x_2$ 模 m_1m_2 两两不同余.

首先证明第（1）点. 当 x_1、x_2 分别遍历 m_1、m_2 个整数时，由排列组合的知识容易知道，$m_2x_1+m_1x_2$ 表示了 m_1m_2 个整数.

下面证明第（2）点. 若存在 x_1、x_2 和 y_1、y_2 满足
$$m_2x_1+m_1x_2\equiv m_2y_1+m_1y_2(\bmod m_1m_2)$$
则由 2.1 节同余的定理 2.1.7 知
$$m_2x_1+m_1x_2\equiv m_2y_1+m_1y_2(\bmod m_1)$$

即
$$m_2 x_1 \equiv m_2 y_1 (\bmod m_1)$$
而 $(m_1, m_2) = 1$，故由 2.1 节同余的定理 2.1.4 知
$$x_1 \equiv y_1 (\bmod m_1)$$
同理可证
$$x_2 \equiv y_2 (\bmod m_2)$$
也就是说，若 $x_1 \not\equiv y_1 (\bmod m_1)$，或者 $x_2 \not\equiv y_2 (\bmod m_2)$，则 $m_2 x_1 + m_1 x_2 \not\equiv m_2 y_1 + m_1 y_2 (\bmod m_1 m_2)$，第(2)点得证.

【例 2.2.5】 验证定理 2.2.4. 设 $m_1 = 3$，$m_2 = 4$，$(m_1, m_2) = 1$，模 3 的一个完全剩余系为 $\{0, 1, 2\}$，模 4 的一个完全剩余系为 $\{0, 1, 2, 3\}$，则

$$4 \times 0 + 3 \times 0 = 0, \ 4 \times 0 + 3 \times 1 = 3, \ 4 \times 0 + 3 \times 2 = 6, \ 4 \times 0 + 3 \times 3 = 9$$
$$4 \times 1 + 3 \times 0 = 4, \ 4 \times 1 + 3 \times 1 = 7, \ 4 \times 1 + 3 \times 2 = 10$$
$$4 \times 1 + 3 \times 3 = 13 \equiv 1 (\bmod 12), \ 4 \times 2 + 3 \times 0 = 8, \ 4 \times 2 + 3 \times 1 = 11$$
$$4 \times 2 + 3 \times 2 = 14 \equiv 2 (\bmod 12), \ 4 \times 2 + 3 \times 3 = 17 \equiv 5 (\bmod 12)$$

由计算结果可知，$\{0, 3, 6, 9, 4, 7, 10, 13, 8, 11, 14, 17\}$ 为模 12 的一个完全剩余系.

【例 2.2.6】 设 p、q 是两个不同的素数，$n = pq$，则对任意整数 c，存在唯一的一对数 x 和 y，满足
$$qx + py \equiv c (\bmod n), \quad 0 \leqslant x < p, 0 \leqslant y < q$$
证明 p、q 是两个素数，故互素.

再由定理 2.2.4 知，当 x、y 分别遍历模 p、q 的完全剩余系时，$qx + py$ 遍历模 $n = pq$ 的完全剩余系，故存在唯一的一对整数 x、y，满足 $qx + py \equiv c (\bmod n)$.

2.3 简化剩余系

【定义 2.3.1】 如果一个模 m 的剩余类中存在一个与 m 互素的剩余，则该剩余类称为**简化剩余类**(或者既约剩余类).

【例 2.3.1】 设 $m = 10$，则模 10 的剩余类 $C_1, C_2, \cdots, C_{10}$ 中，C_1 中任一个整数都与 10 互素，故 C_1 是模 10 的简化剩余类. 同理，C_3, C_7, C_9 也是模 10 的简化剩余类.

【定理 2.3.1】 设 r_1、r_2 是同一剩余类中的两个剩余，则 r_1 与 m 互素的

充分必要条件是 r_2 与 m 互素.

证明 由题设知 $r_1 = r_2 + km$,则
$$(r_1, m) = (r_2, m)$$
所以 $(r_1, m) = 1$ 当且仅当 $(r_2, m) = 1$.

简化剩余类与剩余类相比,多了一个限制条件,即简化剩余类中的元素要与 m 互素.

【定义 2.3.2】 设 m 为正整数,在模 m 的所有不同简化剩余类中,从每个类任取一个数组成的集合,称为模 m 的一个**简化剩余系**(或既约剩余系).

【例 2.3.2】 设 $m = 10$,由例 2.3.1 知,模 10 的简化剩余类有 C_1,C_3,C_7,C_9. 从这 4 个剩余类中各取一个数,比如 $\{1, 3, 7, 9\}$,则该集合为模 10 的一个简化剩余系. 当然,也可以是 $\{11, 3, 27, 39\}$ 等.

由定义看,要求得模 m 的一个简化剩余系,先要求得模 m 的所有不同简化剩余类. 除此之外,还可以由模 m 的一个完全剩余系求得简化剩余系.

【例 2.3.3】 设 $m = 10$,已知模 m 的一个完全剩余系为 $\{0, 1, 2, 3, 4, 5, 6, 7, 8, 9\}$. 从这个集合中删除和 m 不互素的 0,2,4,5,6,8,剩下的 $\{1, 3, 7, 9\}$ 这个集合就是模 10 的一个简化剩余系.

【例 2.3.4】 设 $m = 9$,求模 m 的一个简化剩余系.

解 已知模 m 的一个完全剩余系为 $\{0, 1, 2, 3, 4, 5, 6, 7, 8\}$. 从这个集合中删除和 m 不互素的 0,3,6,剩下的 $\{1, 2, 4, 5, 7, 8\}$ 这个集合就是模 9 的一个简化剩余系.

【定义 2.3.3】 设 m 为正整数,则 $1, 2, \cdots, m$ 中与 m 互素的整数的个数称为**欧拉(Euler)函数**,记作 $\varphi(m)$.

由定义 2.3.2 和定义 2.3.3 知,模 m 的简化剩余系的元素的个数为 $\varphi(m)$.

函数通常是一个带参数的表达式. 在 2.4 节中可以看到,$\varphi(m)$ 的确也是含有变量 m 的一个表达式.

【例 2.3.5】 设 $m = 10$,由例 2.3.2 知,完全剩余系 $\{1, 2, \cdots, 10\}$ 中与 10 互素的整数为 1,3,7,9,从而 $\{1, 3, 7, 9\}$ 为模 10 的一个简化剩余系,故 $\varphi(10) = 4$.

【例 2.3.6】 模 6 的一个简化剩余系为 $\{1, 5\}$,故 $\varphi(6) = 2$;模 20 的一个简化剩余系为 $\{1, 3, 7, 9, 11, 13, 17, 19\}$,故 $\varphi(20) = 8$.

【例 2.3.7】 模 m 的简化剩余系中：

(i) $\{0, 1, \cdots, m-1\}$ 中与 m 互素的所有整数组成的集合，称为模 m 的**最小非负简化剩余系**.

(ii) $\{1, 2, \cdots, m\}$ 中与 m 互素的所有整数组成的集合，称为模 m 的**最小正简化剩余系**.

(iii) 绝对值最小简化剩余系是：

当 m 为偶数时，为

$$\left\{-\frac{m}{2}, -\frac{m-2}{2}, \cdots, \frac{m-2}{2}\right\} \text{ 或 } \left\{-\frac{m-2}{2}, \cdots, \frac{m-2}{2}, \frac{m}{2}\right\}$$

中与 m 互素的所有整数；

当 m 为奇数时，为

$$\left\{-\frac{m-1}{2}, -\frac{m-3}{2}, \cdots, \frac{m-1}{2}\right\}$$

中与 m 互素的所有整数.

当 $m > 1$ 时，由于 0 和 m 都与 m 不互素，因此模 m 的最小非负简化剩余系与最小正简化剩余系两个集合中的元素是相同的.

【例 2.3.8】 模 15 的简化剩余系为（$\varphi(15) = 8$）：

(i) 最小非负简化剩余系：$\{1, 2, 4, 7, 8, 11, 13, 14\}$；

(ii) 最小正简化剩余系：$\{1, 2, 4, 7, 8, 11, 13, 14\}$；

(iii) 绝对值最小简化剩余系：$\{-7, -4, -2, -1, 1, 2, 4, 7\}$.

【例 2.3.9】 素数 p 的最小非负简化剩余系为 $\{1, 2, \cdots, p-1\}$，故 $\varphi(p) = p-1$. 最小正简化剩余系也是这个集合.

从这个例题可以看出，若 p 是素数，则与模 p 的最小非负完全剩余系比较可知，最小非负简化剩余系这个集合里只是少了一个 0.

【定理 2.3.2】 设 m 为正整数，整数 $r_1, r_2, \cdots, r_{\varphi(m)}$ 均与 m 互素，且这 $\varphi(m)$ 个数两两模 m 不同余，则它们构成模 m 的一个简化剩余系.

该定理给出了判断一个集合是否为模 m 的一个简化剩余系的方法. 满足下述 3 个条件的集合，即为模 m 的一个简化剩余系：

(1) 集合有 $\varphi(m)$ 个整数；

(2) 集合中每个数都与 m 互素；

(3) 集合中任意两个整数模 m 不同余.

与判断一个集合是否为模 m 的完全剩余系比较，发现判断简化剩余系多了一个条件. 两者的比较如表 2.3.1 所示.

表 2.3.1 完全剩余系与简化剩余系判断条件比较

判断条件	简化剩余系	完全剩余系
判断条件 1	集合是否为 $\varphi(m)$ 个整数	集合是否为 m 个整数
判断条件 2	任意两个整数模 m 不同余	任意两个整数模 m 不同余
判断条件 3	集合中每个数都与 m 互素	—

【定理 2.3.3】 设 m 为正整数, a 是满足 $(a, m)=1$ 的整数. 那么, 若 $\{r_1, r_2, \cdots, r_{\varphi(m)}\}$ 为模 m 的一个简化剩余系, 则 $\{ar_1, ar_2, \cdots, ar_{\varphi(m)}\}$ 也为模 m 的一个简化剩余系.

证明 (1) 易知 $\{ar_1, ar_2, \cdots, ar_{\varphi(m)}\}$ 表示 $\varphi(m)$ 个数;

(2) 由 $(a, m)=1$ 及 $(r_i, m)=1$ 知 $(ar_i, m)=1$, 即 ar_i 是简化剩余类的剩余;

(3) 用反证法证明集合中任意两个整数模 m 不同余.

假设 $ar_i \equiv ar_j \pmod m$, $1 \leqslant i, j \leqslant \varphi(m)$ 且 $i \neq j$. 因 $(a, m)=1$, 故 $r_i \equiv r_j \pmod m$. 又因 r_i 和 r_j 是模 m 的简化剩余系中的元素, 必有 $r_i \not\equiv r_j \pmod m$, 矛盾, 故 $ar_i \not\equiv ar_j \pmod m$.

综上可知, $\{ar_1, ar_2, \cdots, ar_{\varphi(m)}\}$ 也为模 m 的一个简化剩余系.

【例 2.3.10】 验证定理 2.3.3. 设 $m=6$, 模 m 的最小非负简化剩余系为 $\{1, 5\}$. 取 $a=5$ 和 $a=3$ 两个不同的整数时, 观察表 2.3.2 中的 ar_i 是否形成模 6 的一个简化剩余系.

表 2.3.2 验证定理 2.3.3

r_i	$ar_i(a=5)$	$ar_i(a=3)$
1	$5 \times 1 = 5$	$3 \times 1 = 3$
5	$5 \times 5 = 25 \equiv 1 \pmod 6$	$3 \times 5 = 15 \equiv 3 \pmod 6$

解 由表 2.3.2 可知, 当 $a=5$ 时, 集合 $\{5, 25\}$ 为模 6 的一个简化剩余系; 当 $a=3$ 时, 因为 $a=3$ 与 6 不互素, 不满足定理的条件, 故集合 $\{3, 15\}$ 不为模 6 的一个简化剩余系.

【例 2.3.11】 已知 $\{1, 7, 11, 13, 17, 19, 23, 29\}$ 是模 30 的简化剩余系, $(7, 30)=1$, 因

$$7 \times 1 \equiv 7 \pmod{30}, \quad 7 \times 7 = 49 \equiv 19 \pmod{30}$$

$$7 \times 11 = 77 \equiv 17 \pmod{30}, \quad 7 \times 13 = 91 \equiv 1 \pmod{30}$$
$$7 \times 17 = 119 \equiv 29 \pmod{30}, \quad 7 \times 19 = 133 \equiv 13 \pmod{30}$$
$$7 \times 23 = 161 \equiv 11 \pmod{30}, \quad 7 \times 29 = 203 \equiv 23 \pmod{30}$$

故 $\{7, 49, 77, 91, 119, 133, 161, 203\}$ 也是模 30 的简化剩余系.

【定理 2.3.4】 设 m 为正整数, a 是满足 $(a, m) = 1$ 的整数,则存在整数 $a'(1 \leqslant a' < m)$ 使得 $aa' \equiv 1 \pmod{m}$.

证明 方法 1:由 $(a, m) = 1$ 知存在整数 s、t,使得 $sa + tm = (a, m) = 1$,等式两端模 m 得 $sa \equiv 1 \pmod{m}$,故求得 $a' \equiv s \pmod{m}$.

方法 2:由于 $\{0, 1, 2, \cdots, m-1\}$ 为模 m 的一个完全剩余系, $(a, m) = 1$,因此 $\{0, a, 2a, \cdots, (m-1)a\}$ 也是模 m 的一个完全剩余系. 故必有 $s \in (0, m-1)$,使得等式 $sa \equiv 1 \pmod{m}$ 成立.

方法 3:设 $\{r_1, r_2, \cdots, r_{\varphi(m)}\}$ 为模 m 的一个简化剩余系,因 a 是满足 $(a, m) = 1$ 的整数,所以 $\{ar_1, ar_2, \cdots, ar_{\varphi(m)}\}$ 也是模 m 的一个简化剩余系. 故必有整数 $ar_i \equiv 1 \pmod{m}$,得证.

【例 2.3.12】 设 $m = 880$, $a = 17$,求 $a'(1 \leqslant a' < m)$,满足 $aa' \equiv 1 \pmod{m}$.

解 由辗转相除法,得
$$880 = 17 \times 51 + 13, \quad 17 = 13 + 4, \quad 13 = 4 \times 3 + 1$$
$$1 = 13 - 4 \times 3$$
$$= 13 - (17 - 13) \times 3 = 13 \times 4 - 17 \times 3$$
$$= (880 - 17 \times 51) \times 4 - 17 \times 3$$
$$= 880 \times 4 - 17 \times 207$$

等式两端模 880 得 $a' \equiv -207 \pmod{880} \equiv 673$.

【定理 2.3.5】 设 m_1、m_2 是两个互素的正整数,若 x_1、x_2 分别遍历模 m_1、m_2 的简化剩余系,则 $m_2 x_1 + m_1 x_2$ 遍历模 $m_1 m_2$ 的简化剩余系.

证明 (1) 易知,若 x_1、x_2 分别遍历模 m_1、m_2 的简化剩余系,则 $m_2 x_1 + m_1 x_2$ 遍历 $m_1 m_2$ 个数.

(2) 证明 $m_2 x_1 + m_1 x_2$ 属于模 $m_1 m_2$ 的某个简化剩余类,即证
$$(m_2 x_1 + m_1 x_2, m_1 m_2) = 1$$

把 $m_2 x_1 + m_1 x_2$ 当作被除数, m_1 当作除数,则 x_2 为商, $m_2 x_1$ 为余数,由定理 2.1.9 知
$$(m_2 x_1 + m_1 x_2, m_1) = (m_2 x_1, m_1)$$

同理,

$$(m_2x_1+m_1x_2, m_2)=(m_1x_2, m_2)$$

再由 $(m_1, m_2)=1$ 及 $(m_1, x_1)=1$ 和 $(m_2, x_2)=1$ 知

$$(m_2x_1, m_1)=(x_1, m_1)=1$$
$$(m_1x_2, m_2)=(x_2, m_2)=1$$

所以 $(m_2x_1+m_1x_2, m_1m_2)=1$.

(3) 证明：当 $x_1\not\equiv y_1(\bmod m_1)$ 或 $x_2\not\equiv y_2(\bmod m_2)$ 时，由定理 2.2.4 知

$$m_2x_1+m_1x_2\not\equiv m_2y_1+m_1y_2(\bmod m_1m_2)$$

故得证.

【例 2.3.13】 验证定理 2.3.5. 设 $m_1=3$，$m_2=4$，$(m_1, m_2)=1$，模 3 的一个简化剩余系为 $\{1, 2\}$，模 4 的一个简化剩余系为 $\{1, 3\}$，则

$$4\times1+3\times1=7$$
$$4\times2+3\times1=11$$
$$4\times1+3\times3=13\equiv1(\bmod12)$$
$$4\times2+3\times3=17\equiv5(\bmod12)$$

由计算结果可知，$\{7, 11, 13, 17\}$ 是模 12 的一个简化剩余系.

2.4 欧 拉 函 数

由定义 2.3.3 可知，模 m 的欧拉函数等于模 m 的最小非负完全剩余系或者最小正完全剩余系中与 m 互素的元素的个数，也就是模 m 的简化剩余系中的元素的个数. 当 m 较大时，写出模 m 的一个简化剩余系是比较麻烦的. 本节介绍欧拉函数的一些性质，利用这些性质可提高求一个数的欧拉函数的效率.

【例 2.4.1】 由欧拉函数的定义，容易得到一个小的正整数的欧拉函数. 例如：

$\varphi(1)=1$，$\varphi(2)=1$，$\varphi(3)=2$，$\varphi(4)=2$；

$\varphi(6)=2$，即 $1, 2, \cdots, 6$ 中与 6 互素的数为 $1, 5$；

$\varphi(20)=8$，即 $1, 2, \cdots, 20$ 中与 20 互素的数为 $1, 3, 7, 9, 11, 13, 17, 19$.

欧拉函数具有下述常用的性质.

【定理 2.4.1】 设 p 为素数，则 $\varphi(p)=p-1$.

【定理 2.4.2】 设 p 为素数，且整数 $\alpha\geqslant1$，则

$$\varphi(p^{\alpha})=p^{\alpha}-p^{\alpha-1}=p^{\alpha}\left(1-\frac{1}{p}\right)$$

证明　$\{1,2,\cdots,p^{\alpha}\}$中与$p$不互素的数共有$p^{\alpha-1}$个，这些数是$p$，$2p$，$3p$，$4p$，$\cdots$，$p^{\alpha-1}\cdot p=p^{\alpha}$，则与$p$互素的个数为$p^{\alpha}-p^{\alpha-1}$。

【例 2.4.2】　$\varphi(3^{2})=3^{2}\times\left(1-\frac{1}{3}\right)=6$。

容易验证，模 9 的最小非负简化剩余系为$\{1,2,4,5,7,8\}$，共 6 个数。

【定理 2.4.3】　设m、n为正整数，且$(m,n)=1$，则$\varphi(mn)=\varphi(m)\varphi(n)$。

证明　由定理 2.3.5 知，当x遍历模m的简化剩余系时，其遍历的个数为$\varphi(m)$，当y遍历模n的简化剩余系时，其遍历的个数为$\varphi(n)$，从而当$nx+my$遍历模mn的简化剩余系时，其遍历的整数个数为$\varphi(m)\varphi(n)$。又模mn的简化剩余系中的整数个数为$\varphi(mn)$，故得证。

也可以直接证明。设$r<m$且为正整数，列出不超过mn的所有正整数：

$$
\begin{array}{ccccc}
1 & m+1 & 2m+1 & \cdots & (n-1)m+1\\
2 & m+2 & 2m+2 & \cdots & (n-1)m+2\\
3 & m+3 & 2m+3 & \cdots & (n-1)m+3\\
& & \vdots & & \\
r & m+r & 2m+r & \cdots & (n-1)m+r\\
& & \vdots & & \\
m & m+m & 2m+m & \cdots & (n-1)m+m
\end{array}
$$

若$(r,m)=d>1$，设r所在行的某个整数为$km+r$，$0\leqslant k\leqslant n-1$，因为$km+r=k\times m+r$，故$(km+r,m)=(m,r)=d$，从而$r$所在行的整数都与$m$不互素，因此也与$mn$不互素。

若$(r,m)=1$，设r所在行的某个整数为$km+r$，$0\leqslant k\leqslant n-1$，因为$km+r=k\times m+r$，故$(km+r,m)=(m,r)=1$，从而$r$所在行的整数都与$m$互素。

我们知道，$\{0,1,\cdots,n-1\}$为模n的最小非负完全剩余系，由题设知$(m,n)=1$，再由定理 2.2.3 得，$\{r,m+r,2m+r,\cdots,(n-1)m+r\}$也为模$n$的一个完全剩余系。模$n$的一个完全剩余系中与$n$互素的整数的个数为$\varphi(n)$。

也即是说，m行整数中，与m互素的行为$\varphi(m)$，在与m互素的每一行中，与n互素的整数为$\varphi(n)$，故这mn个整数中与mn互素的整数为$\varphi(m)\varphi(n)$。

【例 2.4.3】　设$m=3$，$n=4$，容易知道$\varphi(3)=2$，$\varphi(4)=2$，$\varphi(12)=4$。

因 $(3,4)=1$，故 $\varphi(12)=\varphi(3)\varphi(4)$.

【例 2.4.4】　设 $m=6$，$n=2$，容易知道 $\varphi(6)=2$，$\varphi(2)=1$，$\varphi(12)=4$.
因 $(6,2)=2$，故 $\varphi(12)\neq\varphi(6)\varphi(2)$.

【定理 2.4.4】　设整数 $n=pq$，其中 p、q 为不同的素数，则
$$\varphi(n)=\varphi(p)\varphi(q)=(p-1)(q-1)$$

【例 2.4.5】　$\varphi(143)=\varphi(11\cdot13)=\varphi(11)\varphi(13)=10\cdot12=120$.

【定理 2.4.5】　设整数 m 有标准分解式 $p_1^{\alpha_1}p_2^{\alpha_2}\cdots p_k^{\alpha_k}$，则
$$\varphi(m)=m\left(1-\frac{1}{p_1}\right)\left(1-\frac{1}{p_2}\right)\cdots\left(1-\frac{1}{p_k}\right)$$

证明　由定理 2.4.3 知
$$\varphi(m)=\varphi(p_1^{\alpha_1})\varphi(p_2^{\alpha_2})\cdots\varphi(p_k^{\alpha_k})$$
再由定理 2.4.2 知 $\varphi(p^\alpha)=p^\alpha\left(1-\frac{1}{p}\right)$，故
$$\begin{aligned}\varphi(m)&=\varphi(p_1^{\alpha_1})\varphi(p_2^{\alpha_2})\cdots\varphi(p_k^{\alpha_k})\\&=p_1^{\alpha_1}\left(1-\frac{1}{p_1}\right)p_2^{\alpha_2}\left(1-\frac{1}{p_2}\right)\cdots p_k^{\alpha_k}\left(1-\frac{1}{p_k}\right)\\&=m\left(1-\frac{1}{p_1}\right)\left(1-\frac{1}{p_2}\right)\cdots\left(1-\frac{1}{p_k}\right)\end{aligned}$$

【例 2.4.6】　计算 $\varphi(100)$ 和 $\varphi(360)$.

解　100 的标准分解式为 $100=2^2\cdot5^2$，360 的标准分解式为 $360=2^3\cdot3^2\cdot5$，
所以
$$\varphi(100)=\varphi(2^2\cdot5^2)=100\cdot\frac{1}{2}\cdot\frac{4}{5}=40$$
$$\varphi(360)=\varphi(2^3\cdot3^2\cdot5)=360\cdot\frac{1}{2}\cdot\frac{2}{3}\cdot\frac{4}{5}=96$$

【例 2.4.7】　计算 $\varphi(\varphi(97))$.

解　　　　$\varphi(\varphi(97))=\varphi(96)=\varphi(2^5\cdot3)=96\cdot\frac{1}{2}\cdot\frac{2}{3}=32$

【例 2.4.8】　计算欧拉函数值 $\varphi(25\times35\times45\times55)$.

解　先写出 $25\times35\times45\times55$ 的标准分解式：
$$25\times35\times45\times55=5^2\times7\times5\times3^2\times5\times11\times5=3^2\times5^5\times7\times11$$

故

$$\varphi(25\times35\times45\times55)=\varphi(3^2\times5^5\times7\times11)$$

$$=25\times35\times45\times55\times\frac{2}{3}\times\frac{4}{5}\times\frac{6}{7}\times\frac{10}{11}$$

$$=2^5\times3^2\times5^5=900\,000$$

2.5　欧拉定理

【定理 2.5.1】　(Euler 定理)设 m 是大于 1 的整数,若整数 a 满足$(a,m)=1$,则有 $a^{\varphi(m)}\equiv1(\mathrm{mod}\,m)$.

　　证明　设$\{r_1,r_2,\cdots,r_{\varphi(m)}\}$为 m 的最小正简化剩余系,则由定理 2.3.3 知,当$(a,m)=1$时,$\{ar_1,ar_2,\cdots,ar_{\varphi(m)}\}$也为模 m 的一个简化剩余系,故 $ar_1,ar_2,\cdots,ar_{\varphi(m)}$ 是模 m 的最小正剩余 $r_1,r_2,\cdots,r_{\varphi(m)}$ 的某个排列. 所以

$$(ar_1)(ar_2)\cdots(ar_{\varphi(m)})\equiv r_1r_2\cdots r_{\varphi(m)}(\mathrm{mod}\,m)$$

即

$$a^{\varphi(m)}(r_1r_2\cdots r_{\varphi(m)})\equiv r_1r_2\cdots r_{\varphi(m)}(\mathrm{mod}\,m)$$

又由$(r_i,m)=1$知,$(r_1r_2\cdots r_{\varphi(m)},m)=1$,由定理 2.1.4 可知,$a^{\varphi(m)}\equiv1(\mathrm{mod}\,m)$.

【例 2.5.1】　设 $m=7$,$a=2$,则$(2,7)=1$,$\varphi(7)=6$.

模 7 的最小正简化剩余系为$\{1,2,3,4,5,6\}$,则

$$2\cdot1\equiv2(\mathrm{mod}\,7),\quad2\cdot2\equiv4(\mathrm{mod}\,7),\quad2\cdot3\equiv6(\mathrm{mod}\,7)$$

$$2\cdot4\equiv1(\mathrm{mod}\,7),\quad2\cdot5\equiv3(\mathrm{mod}\,7),\quad2\cdot6\equiv5(\mathrm{mod}\,7)$$

各等式两边相乘,有

$$(2\cdot1)(2\cdot2)(2\cdot3)(2\cdot4)(2\cdot5)(2\cdot6)\equiv2\cdot4\cdot6\cdot1\cdot3\cdot5\,(\mathrm{mod}\,7)$$

即

$$2^6\cdot1\cdot2\cdot3\cdot4\cdot5\cdot6\equiv1\cdot2\cdot3\cdot4\cdot5\cdot6\,(\mathrm{mod}\,7)$$

而$(1\cdot2\cdot3\cdot4\cdot5\cdot6,7)=1$,所以 $2^{\varphi(7)}\equiv1(\mathrm{mod}\,7)$.

【例 2.5.2】　设 $m=11$,$a=2$,则$(2,11)=1$,$\varphi(11)=10$,可得 $2^{10}\equiv1(\mathrm{mod}\,11)$.

【例 2.5.3】　设 $m=22$,$a=3$,则$(3,22)=1$,$\varphi(22)=10$,可得

$$3^{\varphi(22)}=3^{10}=(3^3)^3\times3\equiv5^3\times3\equiv3\times5\times3\equiv1(\mathrm{mod}\,22)$$

【例 2.5.4】　设 $m=22$,$a=2$,则$(2,22)=2$,$\varphi(22)=10$,可得

$$2^{\varphi(22)} = 2^{10} = 2^6 \times 2^4 \equiv (-2) \times (-6) \equiv 12 \pmod{22}$$

【定理 2.5.2】 设 m 是大于 1 的整数，a、d、k 是整数，且 $(a,m)=1$. 若 $k \equiv d \pmod{\varphi(m)}$，则 $a^k \equiv a^d \pmod{m}$.

证明 $k \equiv d \pmod{\varphi(m)}$，则存在整数 t，使得 $k = t\varphi(m) + d$，故

$$a^k = a^{t\varphi(m)+d} \equiv a^{t\varphi(m)} \times a^d \equiv a^d \pmod{m}$$

注意，该命题的逆命题不成立（详见定理 5.1.3）.

【例 2.5.5】 计算 $5^{23} \pmod{33}$.

解 $\varphi(33) = \varphi(3 \times 11) = 2 \times 10 = 20$

因 $(5,33)=1$，由欧拉定理知

$$5^{20} \equiv 1 \pmod{33}$$

故 $5^{23} = 5^{20+3} \equiv 5^3 \equiv 25 \times 5 \equiv (-8) \times 5 \equiv -7 \equiv 26 \pmod{33}$.

【例 2.5.6】 计算 $7^{168} \pmod{27}$.

解 $\varphi(27) = \varphi(3^3) = 18$

因 $(7,27)=1$，由欧拉定理知 $7^{18} \equiv 1 \pmod{27}$，故

$$7^{168} = 7^{18 \times 9 + 6} \equiv 7^6 \equiv (7^2)^3 \equiv 49^3$$
$$\equiv (-5)^3 \equiv (-5) \times 25 \equiv (-5) \times (-2)$$
$$\equiv 10 \pmod{27}$$

【人物传记】 莱昂哈德·欧拉（Leonhard Euler，1707—1783），瑞士数学家、自然科学家. 他出生于瑞士的巴塞尔牧师家庭，13 岁就读于巴塞尔大学. 在大学里，他师从著名的数学伯努利家族中的约翰·伯努利(Johann Bernoulli)学习数学. 16 岁获得哲学硕士学位. 1727 年加入圣彼得堡科学院，1727—1741 年和 1766—1783 年他都在这里度过. 1741—1766 年任职于柏林皇家学院. 他写了超过 700 本的书和论文，去世后，圣彼得堡科学院用了 47 年的时间把他留下来的未出版的论文加以整理. 他的论文创作速度很快，以至于他给科学院出版的论文都堆成了一堆. 于是他们先出版这堆论文中最上面的文章，这样这些新结果实际上在它们的基础工作发表之前就出现了. 他有 13 个孩子，当一个或者两个孩子在他膝盖上玩耍的时候都能继续他的研究.

2.6 费马小定理及应用

2.6.1 费马小定理

【定理 2.6.1】 （费马小定理）设 p 为素数，a 为任意正整数且 $p \nmid a$，则

$a^{p-1} \equiv 1 \pmod{p}$.

证明 因为 p 为素数且 $p \nmid a$,则必有 $(a, p)=1$,由定理 2.5.1 知,$a^{\varphi(p)} \equiv a^{p-1} \equiv 1 \pmod{p}$.

【定理 2.6.2】 设 p 为素数,a 为任意正整数,则 $a^p \equiv a \pmod{p}$.

证明 若 $p \mid a$,则 $a \equiv 0 \pmod{p}$,故 $a^p \equiv 0 \pmod{p}$,即 $a^p \equiv a \pmod{p}$. 若 $p \nmid a$,则 $a^{p-1} \equiv 1 \pmod{p}$,两边同时乘以 a,得 $a^p \equiv a \pmod{p}$.

【例 2.6.1】 设 $p=11$,$a=2$,因 11 为素数,故 $2^{11} \equiv 2 \pmod{11}$. 设 $p=23$,$a=10$,因 23 为素数,故 $10^{23} \equiv 10 \pmod{23}$.

【推论】 设 $m>1$ 是正整数,则 m 为素数的必要条件是:对任意 $m \nmid a$ 的整数 a,有 $a^{m-1} \equiv 1 \pmod{m}$.

这个推论是判断一个正整数为素数的概率算法的理论基础. 推论中提到的是必要条件,即 m 为素数时,$a^{m-1} \equiv 1 \pmod{m}$ 成立;m 为合数时,$a^{m-1} \equiv 1 \pmod{m}$ 可能成立,也可能不成立. 因此,当 $a^{m-1} \equiv 1 \pmod{m}$ 成立时,不能肯定 m 为素数;当 $a^{m-1} \equiv 1 \pmod{m}$ 不成立时,可以判定 m 为合数.

【例 2.6.2】 设 $m=20$,$a=2$,因 $2^{19}=(2^6)^3 \times 2 \equiv 4^3 \times 2 \equiv 8 \pmod{20}$,故 20 是合数.

【例 2.6.3】 设 $m=15$,$a=11$,因 $11^{14} \equiv (-4)^{14} \equiv 1 \pmod{15}$,故既不能判定 15 是素数,也不能判定 15 是合数.

【人物传记】 皮埃尔·德·费马(Pierre de Fermat, 1601—1665)是位专职的律师. 他是法国 Toulouse 省立议会的著名法律专家. 他大概是历史上最有名的业余数学家. 他几乎没有发表一篇关于他的数学发现的文章,但跟同时期的很多数学家都有过通信. 费马是解析几何的创建人之一,而且他还奠定了微积分的基础. 费马和帕斯卡一起奠定了概率学的数学基础.

费马(Fermat)在数论领域有很多重要的发现,费马小定理是他在 1640 年给朋友的信中提到的. 费马在信中说怕证明太长,因而没有在信中给出证明. 虽如此,人们并不怀疑他能证明该定理. 欧拉在 1736 年第一个发表了该定理的证明并进行了推广,即欧拉定理.

另外,费马还提出了一个称为费马大定理的结论.

【费马大定理】 当整数 $n>2$ 时,关于 x、y、z 的不定方程

$$x^n + y^n = z^n$$

没有正整数解.

　　对于该定理, 费马声称找到了"绝妙"的证明, 但并未写出来. 数学家们对费马大定理证明的求索超过了 350 年, 直到 1995 年才被英国数学家安德鲁·怀尔斯(Andrew John Wiles)及其学生理查·泰勒(Richard Taylor)证明. 由此人们怀疑费马声称他能证明该定理. 在冲击这个数论世纪难题的过程中, 无论是不完全的还是最后完整的证明, 都给数学界带来了很大的影响, 很多的数学结果, 甚至数学分支在这个过程中诞生了.

2.6.2　Miller-Rabin 素性检测算法

　　在非对称密码算法中, 无论是基于大数分解难题, 还是离散对数难题, 都要用到大素数. 因而, 寻找大素数的方法一直是密码学家十分关注的. 对于一个大整数是不是素数, 数学家们已经做了很多探索, 也提出了一些有效的算法. 较常用的是 Miller-Rabin 算法, 该算法常用来判断一个大整数是否是素数. 如果该算法判定一个数是合数, 则这个数肯定是合数. Miller-Rabin 算法是一个概率算法, 也就是说, 若该算法判定一个大整数是素数, 则该整数不是素数的概率很小.

　　Miller-Rabin 概率检测算法的理论基础是费马小定理, 即设 m 是正奇整数, 如果 m 是素数, 则对于任意整数 $a(1<a<m-1)$, 有 $a^{m-1} \equiv 1(\bmod m)$.

　　该命题的逆否命题为: 若 $a^{m-1} \not\equiv 1(\bmod m)$, 则 m 是合数.

　　该命题的逆命题为: 若 $a^{m-1} \equiv 1(\bmod m)$, 则 m 是素数.

　　我们知道, 原命题成立, 其逆否命题成立, 但逆命题并不一定成立. 在这里, 该命题的逆命题并不成立. 也就是说, 若 $a^{m-1} \equiv 1(\bmod m)$, 则 m 可能是素数, 也可能是合数, 出现这种情况的原因会在第 5 章说明.

　　【例 2.6.4】　设 $m=25$, 若 $a=2$, 则
$$a^{m-1}=2^{24}=2^{10} \times 2^{10} \times 2^4 \equiv (-1) \times (-1) \times 2^4 \equiv 16(\bmod 25)$$
若 $a=7$, 则
$$a^{m-1}=7^{24}=(7^2)^{12} \equiv (-1)^{12} \equiv 1(\bmod 25)$$

　　【例 2.6.5】　设 $m=33$, 若 $a=2$, 则
$$a^{m-1}=2^{32}=(2^5)^6 \times 2^2 \equiv (-1)^6 \times 2^2 \equiv 4(\bmod 33)$$
若 $a=10$, 则
$$a^{m-1}=10^{32}=(10^2)^{16} \equiv 1^{16} \equiv 1(\bmod 33)$$

　　由此可知, 如果对整数 $a(1<a<m-1)$, $(m, a)=1$, 使得 $a^{m-1} \not\equiv 1(\bmod m)$,

则 m 是合数. 如果 $a^{m-1}\equiv1(\bmod m)$, 则 m 可能是素数, 也可能是合数.

Miller-Rabin 概率检测算法的思想, 就是去判断 $a^{m-1}\equiv1(\bmod m)$ 是否成立. 若不成立, 则 m 是合数. 若 $a^{m-1}\equiv1(\bmod m)$ 成立, 则 m 可能是素数, 也可能是合数, 这时候需要通过多次找别的整数 $a(1<a<m-1)$ 进行判断.

由上面的论述知, 若 $a^{m-1}\equiv1(\bmod m)$, 则 $a^{m-1}-1\equiv0(\bmod m)$. 注意到 m 是奇数, 计算 $m-1=2^s t$. 若

$$a^{m-1}-1=(a^t-1)(a^t+1)\cdots((a^t)^{2^{s-2}}+1)((a^t)^{2^{s-1}}+1)\equiv0(\bmod m)$$

则下面等式至少有一个成立:

$$a^t-1\equiv0(\bmod m)$$
$$a^t+1\equiv0(\bmod m)$$
$$\vdots$$
$$(a^t)^{2^{s-1}}+1\equiv0(\bmod m)$$

也即判断 $a^t(\bmod m)$ 是否等于 ±1, $(a^t)^2(\bmod m)$, $(a^t)^{2^2}(\bmod m)$, $\cdots$, $(a^t)^{2^{s-1}}(\bmod m)$ 是否等于 -1. 只要有一个等式成立, 则判断 m 可能为素数; 若所有的等式都不成立, 则确定 m 为合数.

下面是根据 Miller-Rabin 概率检测算法进行素性检测的例子.

【例 2.6.6】 用 Miller-Rabin 算法判断 $m=29$ 是否为素数.

解 $m=29$, $m-1=29-1=2^2\times7$, 即 $s=2$, $t=7$.

若取 $a=3$, 则 $a^t=3^7\equiv12(\bmod29)$, $(a^t)^2=144\equiv-1(\bmod29)$. 结论: 29 可能是素数.

若取 $a=4$, 则 $a^t=4^7\equiv28\equiv-1(\bmod29)$. 结论: 29 可能是素数.

下面举一个判定合数为素数的例子.

【例 2.6.7】 用 Miller-Rabin 算法判断 $m=25$ 是否为素数.

解 $m=25$, $m-1=25-1=2^3\times3$, 即 $s=3$, $t=3$.

取 $a=7$, 则 $a^t=7^3\equiv18(\bmod25)$, $(a^t)^2=18^2\equiv-1(\bmod25)$. 结论: 25 可能是素数.

实际上, 25 是合数. 这时可以通过另选择一个 $a(1<a<m-1)$, 如 $a=2$, 再次进行判断:

$$a^t=2^3\equiv8(\bmod25)$$
$$(a^t)^2=8^2=64\equiv14(\bmod25)$$
$$(a^t)^4=14^2=196\equiv21(\bmod25)$$

结论：25 是合数.

由此判断 25 肯定是合数.

根据现有的研究结论，如果 m 是一个奇合数且能通过 Miller-Rabin 检测算法的概率不超过 25%，则可以通过多次选取 a 来运行算法，以提高结果的准确性. 对于奇数 m，选择 k 个不同的 a 作为基来运行算法. 若 m 是合数，则通过所有 k 个检验的概率不超过 $1/4^k$.

2.7　模幂运算

模幂运算（Modular Exponentiation）也译为模指数运算，可快速计算 $a^n (\bmod m)$，该运算在计算机科学尤其是公钥密码学中应用广泛.

由以前的知识，若采用 $a^n \equiv (a^{n-1} (\bmod m)) \cdot a (\bmod m)$ 进行计算，运算量很大，要做 $n-1$ 次乘法和 $n-1$ 次模运算. 下面介绍的方法能有效减少计算量.

2.7.1　模重复平方计算法

先介绍模重复平方计算法的实现思路. 设 n 的二进制为 $n = (n_k n_{k-1} \cdots n_1 n_0)_2$，其中 $n_i \in \{0, 1\}$，$i = 0, 1, \cdots, k$，则

$$n = (n_k n_{k-1} \cdots n_1 n_0)_2 = n_k \times 2^k + n_{k-1} \times 2^{k-1} + \cdots + n_1 \times 2^1 + n_0 \times 2^0$$

故

$$a^n \equiv (a^{2^0})^{n_0} \times (a^{2^1})^{n_1} \times \cdots \times (a^{2^k})^{n_k} (\bmod m)$$

由此可见，当计算 a^n 时，它是 (a^{2^0})，(a^{2^1})，(a^{2^2})，$\cdots$，(a^{2^k})（也就是 a，a^2，a^4，$\cdots$，a^{2^k}）中某些数乘积的结果. 例如，要计算 a^{22}，因为 22 的二进制表示为 $(10110)_2$，故

$$a^{22} = (a^{2^0})^0 \times (a^{2^1})^1 \times (a^{2^2})^1 \times (a^{2^3})^0 \times (a^{2^4})^1$$
$$= (a^1)^0 \times (a^2)^1 \times (a^4)^1 \times (a^8)^0 \times (a^{16})^1$$

也就是依次计算出 a^2，a^4，$\cdots$，a^{2^k}，然后代入上面的表达式.

由算法的实现过程可知，模重复平方计算法是先用 n 的二进制表示的低位进行计算的，所需模乘的次数最多为 $2l$ 次，其中 l 为 n 的二进制表示的位数.

【例 2.7.1】　已知 $a = 7$，$n = 22$，$m = 31$，计算 $a^n (\bmod m)$.

解　先计算 n 的二进制表示：

$$22 = (10110)_2$$

然后计算

$$7^2 \equiv 18 \pmod{31}, \quad 7^4 \equiv 14 \pmod{31}, \quad 7^8 \equiv 10 \pmod{31}, \quad 7^{16} \equiv 7 \pmod{31}$$

故

$$7^{22} = (7^1)^0 \times (7^2)^1 \times (7^4)^1 \times (7^8)^0 \times (7^{16})^1$$
$$= 7^2 \times 7^4 \times 7^{16} \equiv 18 \times 14 \times 7$$
$$\equiv 28 \pmod{31}$$

该计算过程可以用如下 C++语言程序实现(略去了头文件).

```
void main()
{
    const int k=5;
    int n[k]={0, 1, 1, 0, 1};
    int c[k], a[k], i, m, x=0;
    c[0]=1, a[0]=7, m=31;
    for(i=0; i<k; i++)
    {
        if(n[i]==1)   c[i+1]=(c[i] * a[i])%m;
        else   c[i+1]=c[i];
        x=x+(n[i]<<i);
        a[i+1]=(a[i] * a[i])%m;
        //可以在这里输出 i, n[i], x, c[i+1], a[i+1]的值
    }
}
```

程序运行完毕后，c[i+1]即为所求.

如果在程序中给出中间的输出值，形式如下：

i=0   n[0]=0   x=0   c[1]=1   a[1]=18
i=1   n[1]=1   x=2   c[2]=18   a[2]=14
i=2   n[2]=1   x=6   c[3]=4   a[3]=10
i=3   n[3]=0   x=6   c[4]=4   a[4]=7
i=4   n[4]=1   x=22   c[5]=28   a[5]=18

则程序运行完毕时，x 的值等于 n，而 c[5]就是计算的结果. 程序运行过程中变量 i、n[i]、x、c[i+1]、a[i+1]的变化情况如表 2.7.1 所示. 其中，对 22 的二进制表示的计位从低位开始.

表 2.7.1 模重复平方计算法计算 $7^{22}(\bmod 31)$

i	0	1	2	3	4
n[i]	0	1	1	0	1
x	0	$2=(10)_2$	$6=(110)_2$	$6=(0110)_2$	$22=(10110)_2$
c[i+1]	$1=7^0$	$18\equiv1\times(7^2)^1$	$4\equiv18\times(7^4)^1$	$4\equiv4\times(7^8)^0$	$28\equiv4\times(7^{16})^1$
a[i+1]	$7^2\equiv18$	$7^4\equiv14$	$7^8\equiv10$	$7^{16}\equiv7$	

若不需要中间过程,则程序更加简单.

```
void main()
{
    const int k=5;
    int n[k]={0, 1, 1, 0, 1};
    int i, c=1, a=7, m=31;
    for(i=0; i<k; i++)
    {
        if(n[i]==1) c=(c*a)%m;
        a=(a*a)%m;
    }
}
```

程序运行完毕,变量 c 的值就是最终结果.

【例 2.7.2】 计算 $7^{77}(\bmod 561)$.

解 先计算 77 的二进制表示:
$$77=(1001101)_2$$

再修改例 2.7.1 程序中变量 k、n[k]、a[0]、m 等的值,程序运行的输出如下:

```
i=0  n[0]=1  x=1   c[1]=7    a[1]=49
i=1  n[1]=0  x=1   c[2]=7    a[2]=157
i=2  n[2]=1  x=5   c[3]=538  a[3]=526
i=3  n[3]=1  x=13  c[4]=244  a[4]=103
i=4  n[4]=0  x=13  c[5]=244  a[5]=511
i=5  n[5]=0  x=13  c[6]=244  a[6]=256
i=6  n[6]=1  x=77  c[7]=193  a[7]=460
```

请读者尝试完成代码的修改,添加输出语句,再根据输出结果写出笔算过程.

2.7.2　平方乘计算法

为计算 a^n，设 n 的二进制表示为 $n=(n_k n_{k-1} \cdots n_1 n_0)_2$，注意到 n_k 的值总是为 1，故

$$n = 2^k + n_{k-1} \times 2^{k-1} + \cdots + n_1 \times 2^1 + n_0$$
$$= (\cdots((2+n_{k-1}) \times 2 + n_{k-2}) \times 2 + \cdots + n_1) \times 2 + n_0$$

从而

$$a^n = a^{(\cdots((2+n_{k-1}) \times 2 + n_{k-2}) \times 2 + \cdots + n_1) \times 2 + n_0}$$
$$= (\cdots((a^2 \times a^{n_{k-1}})^2 \times a^{n_{k-2}})^2 \times \cdots \times a^{n_1})^2 \times a^{n_0}$$

平方乘计算法是先用 n 的二进制表示的高位进行计算的.

从算法看，利用平方乘计算法与利用模重复平方计算法计算 $a^n (\bmod m)$ 的代价一样，所需模乘的次数最多为 $2l$ 次，其中 l 为 n 的二进制表示的位数.

【例 2.7.3】　计算 $7^{22} (\bmod 31)$.

解　计算 22 的二进制表示：$22=(10110)_2$，计算过程可以用如下 C++语言程序实现(略去了头文件).

```
void main()
{
    const int k=5;
    int n[k]={0, 1, 1, 0, 1};
    int i, x=0, y=1, a=7, m=31;
    for(i=k-1; i>=0; i--)
    {
        x=2 * x;
        y=(y * y)%m;
        if(n[i]==1)
        {x++; y=(y * a)%m; }
        //可以在这里输出 i, n[i], x, y 的值
    }
}
```

程序运行完毕时，x 的值等于 n，而 y 就是计算的结果. 如果只需要 y 的值，则在程序中删除包含 x 的语句. 程序运行过程中变量 i、n[i]、x、y 的变化情况如表 2.7.2 所示.

表 2.7.2　平方乘计算法计算 $7^{22} (\bmod 31)$

i	4	3	2	1	0
n[i]	1	0	1	1	0
x	1	$2 = (10)_2$	$5 = (101)_2$	$11 = (1011)_2$	$22 = (10110)_2$
y	$7 \equiv 7^1$	$18 \equiv 7^2 \times 7^0$	$5 \equiv 18^2 \times 7^1$	$20 \equiv 5^2 \times 7^1$	$28 \equiv 20^2 \times 7^0$

根据程序运行结果，容易写出笔算过程：

$$n[4] = 1,\ x = 1,\ y = 7$$
$$n[3] = 0,\ x = 2,\ y = 7^2 \equiv 18 (\bmod 31)$$
$$n[2] = 1,\ x = 5,\ y = 7^5 \equiv 18^2 \times 7 \equiv 5 (\bmod 31)$$
$$n[1] = 1,\ x = 11,\ y = 7^{11} \equiv 5^2 \times 7 \equiv 20 (\bmod 31)$$
$$n[0] = 0,\ x = 22,\ y = 7^{22} \equiv 20^2 \equiv 28 (\bmod 31)$$

【例 2.7.4】 计算 $7^{77} (\bmod 561)$.

解　$n = 77 = (1001101)_2$，计算过程如表 2.7.3 所示.

表 2.7.3　平方乘计算法计算 $7^{77} (\bmod 561)$

i	6	5	4	3	2	1	0
n[i]	1	0	0	1	1	0	1
x	1	$2 = (10)_2$	$4 = (100)_2$	$9 = (1001)_2$	$19 = (10011)_2$	$38 = (100110)_2$	$77 = (1001101)_2$
y	$7 \equiv 7^1$	$49 \equiv 7^2 \times 7^0$	$157 \equiv 49^2 \times 7^0$	$316 \equiv 157^2 \times 7^1$	$547 \equiv 316^2 \times 7^1$	$196 \equiv 547^2 \times 7^0$	$193 \equiv 196^2 \times 7^1$

2.7.3　综合例题

【例 2.7.5】 结合欧拉定理和模重复平方计算法计算 $6^{2017} (\bmod 41)$.

解　已知 $(6, 41) = 1$，由欧拉定理知，$6^{\varphi(41)} \equiv 1 (\bmod 41)$，即

$$6^{40} \equiv 1 (\bmod 41)$$

因此

$$6^{2017} = 6^{40 \times 50} \times 6^{17} \equiv 6^{17} (\bmod 41)$$

下面利用模重复平方计算法计算 $6^{17} (\bmod 41)$：

$$6^2 \equiv -5 (\bmod 41),\ 6^4 \equiv -16 (\bmod 41),\ 6^8 \equiv 10 (\bmod 41),\ 6^{16} \equiv 18 (\bmod 41)$$

因此

$$6^{2017} \equiv 6^{17} = 6^{16} \times 6 \equiv 18 \times 6 \equiv 26 (\bmod 41)$$

【例 2.7.6】 结合欧拉定理和模重复平方计算法计算 $2^{2020}(\bmod 77)$.

解 已知 $\varphi(77)=60$，又 $(2,77)=1$，由欧拉定理知，$2^{\varphi(77)}\equiv 1(\bmod 77)$，即
$$2^{60}\equiv 1(\bmod 77)$$
因此
$$2^{2020}=2^{33\times 60}\times 2^{40}\equiv 2^{40}(\bmod 77)$$
下面利用模重复平方计算法计算 $2^{40}(\bmod 77)$：
$$2^2\equiv 4(\bmod 77),\quad 2^4\equiv 16(\bmod 77),\quad 2^8\equiv 256\equiv 25(\bmod 77)$$
$$2^{16}\equiv 625\equiv 9(\bmod 77),\quad 2^{32}\equiv 81\equiv 4(\bmod 77)$$
因此
$$2^{2020}\equiv 2^{40}=2^{32}\times 2^8\equiv 4\times 25\equiv 100\equiv 23(\bmod 77)$$

习　题　2

一、判断题

1. $12,15,18,21,24,27$ 是模 8 的一个完全剩余系. （　　）

2. 设 m 是一个正整数，a 是整数，如果 x 遍历模 m 的一个完全剩余系，则 ax 也遍历模 m 的一个完全剩余系. （　　）

3. 设 m 是正整数，模 m 的最小非负完全剩余系和绝对值最小完全剩余系中元素的个数相等. （　　）

4. 设 p 是素数，则模 p 的完全剩余系和简化剩余系中元素的个数相等.

（　　）

5. 模 m 的一个简化剩余系中的元素，可以都是奇数，也可以都是偶数.

（　　）

二、综合题

1. 模 55 的简化剩余系中元素的个数有多少？

2. 结合费马小定理和模重复平方计算法计算 $5^{30}(\bmod 23)$.

3. 计算 $\varphi(3000)$.

4. 结合费马小定理和模重复平方计算法计算 $7^{1000}(\bmod 47)$.

5. 结合欧拉定理和模重复平方计算法计算 $5^{28}(\bmod 22)$.

6. 设 p、q 是两个不同的奇素数，$n=pq$，e 是与 pq 互素的整数. 如果整数 e 满足 $1<e<\varphi(n)$，$(e,\varphi(n))=1$，那么存在整数 d，使得 $ed\equiv 1(\bmod \varphi(n))$. 假设 $p=19$，$q=31$，$e=17$，求 d.

7. 设十进制整数 $n=a_ka_{k-1}\cdots a_1a_0$，证明：

(1) $11|n$ 当且仅当 $11|(a_0+a_2+\cdots)-(a_1+a_3+\cdots)$；

(2) $4|n$ 当且仅当 $4|a_1 a_0$;

(3) $8|n$ 当且仅当 $8|a_2 a_1 a_0$.

8. 证明整数计算结果的方法(弃九法). 设

$$a = a_k \times 10^k + a_{k-1} \times 10^{k-1} + \cdots + a_1 \times 10 + a_0$$
$$b = b_l \times 10^l + b_{l-1} \times 10^{l-1} + \cdots + b_1 \times 10 + b_0$$
$$c = ab = c_n \times 10^n + c_{n-1} \times 10^{n-1} + \cdots + c_1 \times 10 + c_0$$

如果 $\left(\sum_{i=0}^{k} a_i \right) \left(\sum_{j=0}^{l} b_j \right) \neq \sum_{u=0}^{n} c_u (\bmod n)$,则所得结果是错误的.

9. 利用 Miller-Rabin 算法判断 1001 是否为素数.

第 3 章　一次同余方程

在中学中，我们已经学过了一元的一次方程、二次方程甚至高次方程的求解. 本章所介绍的一次同余方程的求解，与中学的内容既有相似之处，也有不同的地方. 比如，一次同余方程要求系数为整数，除法的意义也不同. 学习同余方程有助于理解 RSA 算法和椭圆曲线密码学等知识.

3.1　一次同余方程

3.1.1　同余方程

【定义 3.1.1】　记多项式 $f(x) = a_n x^n + a_{n-1} x^{n-1} + \cdots + a_1 x + a_0$，$n \in \mathbf{N}$，$a_i \in \mathbf{Z}$，$i \in [0, n]$. 设 $m \in \mathbf{N}$，$m \nmid a_n$，则 $f(x) \equiv 0 (\bmod m)$ 称为模 m 的**同余方程**，n 称为 $f(x)$ 的次数，记为 $\deg f(x)$ 或 $\deg(f)$（deg 为 degree 的前三个字母）.

若 a 满足 $f(x) \equiv 0 (\bmod m)$，则满足 $x \equiv a (\bmod m)$ 的所有整数都是方程的**解**. 即剩余类

$$C_a = \{x \mid x \in \mathbf{Z}, x \equiv a (\bmod m)\}$$

中的每个剩余都是解，并称剩余类 C_a 是同余方程 $f(x) \equiv 0 (\bmod m)$ 的一个解. 这个解通常记为 $x \equiv a (\bmod m)$.

当 a_i、a_j 均为同余方程 $f(x) \equiv 0 (\bmod m)$ 的解，且 $a_i \not\equiv a_j (\bmod m)$ 时，就称它们是不同的解. 所有模 m 的两两不同余的解的个数，称为同余方程的**解数**.

3.1.2　解一次同余方程

所谓一次同余方程，就是形如 $a_1 x + a_0 \equiv 0 (\bmod m)$ 的方程，方程的最高次数为 1，且 $a_1 \not\equiv 0 (\bmod m)$. 至于 a_0，可以为 0，也可以不为 0. 将方程 $a_1 x + a_0 \equiv 0 (\bmod m)$ 移项，可得 $a_1 x \equiv -a_0 (\bmod m)$. 对系数和常量的参数进行替代，可得 $ax \equiv b (\bmod m)$.

由同余方程的解的定义可知, 若同余方程 $f(x)\equiv0(\bmod m)$ 有解, 则遍历模 m 的一个完全剩余系, 就能找到其所有的解. 通常选择遍历模 m 的最小非负完全剩余系. 这种方法适合模数 m 较小的情形.

【例 3.1.1】 求解同余方程 $5x\equiv3(\bmod7)$.

解 将模 7 的一个完全剩余系中的剩余代入方程中, 这里选择最小非负完全剩余系 $\{0,1,2,3,4,5,6\}$. 因 $5\times2=10\equiv3(\bmod7)$, 故 $x\equiv2(\bmod7)$ 为同余方程的所有解, 该同余方程的解数为 1.

【例 3.1.2】 求解同余方程 $4x\equiv2(\bmod6)$.

解 将模 6 的一个完全剩余系中的剩余代入方程中, 这里选择最小非负完全剩余系 $\{0,1,2,3,4,5\}$. 因 $4\times2=8\equiv2(\bmod6)$, $4\times5=20\equiv2(\bmod6)$, 故 $x\equiv2(\bmod6)$, $x\equiv5(\bmod6)$ 为同余方程的所有解, 该同余方程的解数为 2.

【例 3.1.3】 求解同余方程 $3x\equiv2(\bmod6)$.

解 将模 6 的一个完全剩余系中的剩余代入方程中, 这里选择最小非负完全剩余系 $\{0,1,2,3,4,5\}$. 因都不满足方程, 故同余方程无解.

【例 3.1.4】 求同余方程 $4x^2+27x-12\equiv0(\bmod15)$ 的解.

解 取模 15 的绝对值最小完全剩余系 $\{-7,-6,\cdots,-1,0,1,2,\cdots,7\}$, 直接计算知 $x=-6,3$ 是解. 所以, 该同余方程的解是
$$x\equiv-6,3(\bmod15)$$
该同余方程的解数为 2.

由上面的例题可知, 对一个给定的同余方程, 方程解的情况可能是无解、一个解或者多个解. 下面讨论一次同余方程解的存在条件及有解时的一般解法.

【定理 3.1.1】 设 $a\in\mathbf{Z}$, $m\in\mathbf{N}$, 若 $(a,m)=1$, 则同余方程 $ax\equiv1(\bmod m)$ 有唯一解.

证明 由于 $\{0,1,2,3,\cdots,m-1\}$ 为模 m 的一个完全剩余系, $(a,m)=1$, 则由定理 2.2.3 知, $\{0,a,2a,\cdots,(m-1)a\}$ 也组成模 m 的一个完全剩余系, 故其中必有且仅有一个数 $s\times a$, $s\in(0,m-1]$, 使得等式 $s\times a\equiv1(\bmod m)$ 成立.

实际上, 运用欧几里德算法, 可求得 $s,t\in\mathbf{Z}$, 使得 $sa+tm=1$. 等式两端模 m, 得到 $as\equiv1(\bmod m)$, 则 $x\equiv s(\bmod m)$ 为同余方程的解.

【例 3.1.5】　求解同余方程 $11x \equiv 1 \pmod{28}$.

解　由于 $(11, 28) = 1$，故方程有唯一解.

利用欧几里德算法求解，过程如下：

$$28 = 11 \times 2 + 6$$
$$11 = 6 + 5$$
$$6 = 5 + 1$$

故

$$1 = 6 - 5$$
$$= 6 - (11 - 6) = 6 \times 2 - 11$$
$$= (28 - 11 \times 2) \times 2 - 11$$
$$= 28 \times 2 - 11 \times 5$$

即

$$1 = 28 \times 2 - 11 \times 5 = 28 \times 2 + 11 \times (-5)$$

等式两端模 28，得

$$11 \times (-5) \equiv 1 \pmod{28}$$

故

$$x \equiv -5 \equiv 23 \pmod{28}$$

注意这里的负号. 该同余方程的解数为 1.

【定理 3.1.2】　设 $a \in \mathbf{Z}$，$m \in \mathbf{N}$，$(a, m) = 1$，则同余方程 $ax \equiv b \pmod{m}$ 有唯一解.

证明　唯一性证明：由于 $\{0, 1, 2, 3, \cdots, m-1\}$ 为模 m 的一个完全剩余系，$(a, m) = 1$，则由定理 2.2.3 知，$\{0, a, 2a, \cdots, (m-1)a\}$ 也组成模 m 的一个完全剩余系，故其中必有且仅有一个数 $i \times a$，$i \in (0, m-1]$，且 i 为整数，使得 $i \times a \equiv b \pmod{m}$ 成立.

求解过程：由定理 3.1.1 知，$(a, m) = 1$，$ax \equiv 1 \pmod{m}$ 有解，于是设解为 $x \equiv x_0 \pmod{m}$，即 $ax_0 \equiv 1 \pmod{m}$. 又 $b \equiv b \pmod{m}$，故 $(ax_0)b \equiv b \pmod{m}$，也即 $a(bx_0) \equiv b \pmod{m}$. 对比同余方程 $ax \equiv b \pmod{m}$ 可知，同余方程的解为 $x \equiv bx_0 \pmod{m}$.

【例 3.1.6】　求解同余方程 $11x \equiv 3 \pmod{28}$.

解　由例 3.1.5 知，$11x \equiv 1 \pmod{28}$ 的解为 $x \equiv 23 \pmod{28}$，故同余方程 $11x \equiv 3 \pmod{28}$ 的解为

$$x \equiv 3 \times 23 = 69 \equiv 13 \pmod{28}$$

该同余方程的解数为 1.

【定理 3.1.3】 设 $a \in \mathbf{Z}$，$m \in \mathbf{N}$，$(a, m) = d$，则同余方程 $ax \equiv b \pmod{m}$ 有解的充要条件是 $d \mid b$. 并且有解时，解数为 $d = (a, m)$.

证明 先证必要性，即已知同余方程 $ax \equiv b \pmod{m}$ 有解，证明 $(a, m) \mid b$.

设方程的解为 $x \equiv s \pmod{m}$，则 $as \equiv b \pmod{m}$. 由定理 2.1.1 知，存在整数 t，使得 $as - mt = b$.

因为 $(a, m) \mid a$，$(a, m) \mid m$，故 $(a, m) \mid as - mt = b$，必要性成立.

再证充分性，即已知 $(a, m) \mid b$，证明方程 $ax \equiv b \pmod{m}$ 有解.

(1) 考虑同余方程 $\dfrac{a}{(a, m)} x \equiv 1 \left(\bmod \dfrac{m}{(a, m)} \right)$ 的解.

因为 $\left(\dfrac{a}{(a, m)}, \dfrac{m}{(a, m)} \right) = 1$，由定理 3.1.1 知，方程有唯一解，记方程的解为 $x \equiv x_0 \left(\bmod \dfrac{m}{(a, m)} \right)$.

(2) 考虑同余方程 $\dfrac{a}{(a, m)} x \equiv \dfrac{b}{(a, m)} \left(\bmod \dfrac{m}{(a, m)} \right)$ 的解.

由定理 3.1.2 知，方程 $\dfrac{a}{(a, m)} x \equiv \dfrac{b}{(a, m)} \left(\bmod \dfrac{m}{(a, m)} \right)$ 的解为 $x \equiv \dfrac{b}{(a, m)} x_0 \left(\bmod \dfrac{m}{(a, m)} \right)$.

由同余的性质知，若 $\dfrac{a}{(a, m)} x \equiv \dfrac{b}{(a, m)} \left(\bmod \dfrac{m}{(a, m)} \right)$，且 $(a, m) > 0$，则由定理 2.1.5 可得 $ax \equiv b \pmod{m}$，即 $x \equiv \dfrac{b}{(a, m)} x_0 \pmod{m}$ 是方程 $ax \equiv b \pmod{m}$ 的一个特解.

(3) 写出同余方程 $ax \equiv b \pmod{m}$ 的全部解：

$$x \equiv \frac{b}{(a, m)} x_0 + \frac{m}{(a, m)} t \pmod{m}, \quad t = 0, 1, 2, \cdots, (a, m) - 1$$

为什么说上述形式包含了方程的所有解？

事实上，若有 $ax' \equiv ax \equiv b \pmod{m}$，则 $ax \equiv ax' \pmod{m}$. 这里的 (a, m) 不一定等于 1，也就是 a 和 m 不一定互素，所以不能直接消掉.

注意到 $(a, m) > 0$，且 $(a, m) \mid (0, a, m)$，由定理 2.1.6 可得

$$\frac{a}{(a, m)} x \equiv \frac{a}{(a, m)} x' \left(\bmod \frac{m}{(a, m)} \right)$$

因 $\left(\dfrac{a}{(a, m)}, \dfrac{m}{(a, m)} \right) = 1$，故由定理 2.1.4 可得

$$x \equiv x' \left(\mod \frac{m}{(a, m)} \right)$$

也即

$$x \equiv x' + \frac{m}{(a, m)}t, \quad t \in \mathbf{Z}$$

虽然 t 的取值为任意整数,但对于原方程 $ax \equiv b(\mod m)$,在给定特解 x' 时,不同的解应该为模 m 的不同剩余类. 上述全部解的表达式中,当 $t = 0, 1, 2, \cdots, (a, m) - 1$ 时,x 为模 m 的 (a, m) 个不同的剩余类. 如果 t 再增加 1,取 $t = (a, m)$,则 $x \equiv x' + \frac{m}{(a, m)}t \equiv x' + m$. 而当 $t = 0$ 时,$x \equiv x' + \frac{m}{(a, m)}t \equiv x'$. x' 和 $x' + m$ 是属于模 m 的同一个剩余类,按照解数的定义,x' 和 $x' + m$ 对于方程 $ax \equiv b(\mod m)$ 为同一个解. 所以方程 $ax \equiv b(\mod m)$ 的解的个数为 (a, m) 个.

综上所述,解同余方程 $ax \equiv b(\mod m)$ 的步骤如下:

(1) 判断方程是否有解,即判断 (a, m) 是否整除 b. 若有解,则执行步骤 (2);否则,结束.

(2) 计算 $\frac{a}{(a, m)}x \equiv 1 \left(\mod \frac{m}{(a, m)} \right)$ 的解. 运用欧几里德算法求解. 设求得的解为 $x \equiv x_0 \left(\mod \frac{m}{(a, m)} \right)$.

(3) 写出方程 $\frac{a}{(a, m)}x \equiv \frac{b}{(a, m)} \left(\mod \frac{m}{(a, m)} \right)$ 的解:

$$x \equiv \frac{b}{(a, m)}x_0 \left(\mod \frac{m}{(a, m)} \right)$$

(4) 写出方程 $ax \equiv b(\mod m)$ 的全部解:

$$x \equiv \frac{b}{(a, m)}x_0 + \frac{m}{(a, m)}t(\mod m), \quad t = 0, 1, 2, \cdots, (a, m) - 1$$

可以看出,先判断方程是否有解. 若有解,就用欧几里德算法求得方程 $\frac{a}{(a, m)}x \equiv 1 \left(\mod \frac{m}{(a, m)} \right)$ 的解. 然后可以先写出 $\frac{a}{(a, m)}x \equiv \frac{b}{(a, m)}$ $\left(\mod \frac{m}{(a, m)} \right)$ 的解再写出方程的全部解,也可以直接写出方程的全部解. 也就是说,第(3)步是可以省略的.

这里对方程的解进行总结. 一般的同余方程 $ax \equiv b(\mod m)$ 的全部解整理

为 $x \equiv \dfrac{bx_0 + mt}{(a, m)} (\bmod m)$，$t = 0, 1, 2, \cdots, (a, m) - 1$. 当 $(a, m) = 1$ 时，$x \equiv bx_0 (\bmod m)$，即为定理 3.1.2 给出的同余方程 $ax \equiv b (\bmod m)$ 的解，此时 t 只能取 0，方程有唯一解；当 $(a, m) = 1$ 且 $b = 1$ 时，$x \equiv x_0 (\bmod m)$，即为定理 3.1.1 给出的同余方程 $ax \equiv 1 (\bmod m)$ 的解，此时 t 只能取 0，方程有唯一解.

【例 3.1.7】 求解同余方程 $33x \equiv 9 (\bmod 84)$.

解　（1）判断方程是否有解. 因 $(33, 84) = 3 \mid 9$，故同余方程有解.

（2）计算 $\dfrac{a}{(a, m)} x \equiv 1 \left(\bmod \dfrac{m}{(a, m)} \right)$ 的解. 由例 3.1.5 知，$11x \equiv 1 (\bmod 28)$ 的解为 $x \equiv 23 (\bmod 28)$.

（3）写出方程 $\dfrac{a}{(a, m)} x \equiv \dfrac{b}{(a, m)} \left(\bmod \dfrac{m}{(a, m)} \right)$ 的解. 同余方程 $11x \equiv 3 (\bmod 28)$ 的解为 $x \equiv 3 \times 23 = 69 \equiv 13 (\bmod 28)$.

（4）写出方程 $ax \equiv b (\bmod m)$ 的全部解：
$$x \equiv 13 + 28t (\bmod 84), \quad t = 0, 1, 2$$
因此，$x \equiv 13, 41, 69 (\bmod 84)$.

【例 3.1.8】 求解同余方程 $69x \equiv 12 (\bmod 111)$.

解　（1）判断方程是否有解. 因 $(69, 111) = 3 \mid 12$，故同余方程有解.

（2）计算 $\dfrac{a}{(a, m)} x \equiv 1 \left(\bmod \dfrac{m}{(a, m)} \right)$ 的解. 代入相关参数，得
$$\frac{69}{(69, 111)} x \equiv 1 \left(\bmod \frac{111}{(69, 111)} \right)$$
即 $23x \equiv 1 (\bmod 37)$.

利用欧几里德算法求解，过程如下：
$$37 = 23 + 14, \ 23 = 14 + 9, \ 14 = 9 + 5, \ 9 = 5 + 4, \ 5 = 4 + 1$$
$$1 = 5 - 4 = 5 - (9 - 5) = 5 \times 2 - 9$$
$$= (14 - 9) \times 2 - 9 = 14 \times 2 - 9 \times 3$$
$$= 14 \times 2 - (23 - 14) \times 3 = 14 \times 5 - 23 \times 3$$
$$= (37 - 23) \times 5 - 23 \times 3 = 37 \times 5 - 23 \times 8$$
等式两端模 37，得
$$1 \equiv 37 \times 5 - 23 \times 8 (\bmod 37)$$
故 $23x \equiv 1 (\bmod 37)$ 的解为 $x_0 \equiv x \equiv -8 \equiv 29 (\bmod 37)$.

(3) 直接写出方程 $ax \equiv b (\bmod m)$ 的全部解:

$$x \equiv \frac{b}{(a,m)} x_0 + \frac{m}{(a,m)} t (\bmod m), \quad t=0,1,2,\cdots,(a,m)-1$$

代入 $x_0 \equiv -8$, 得

$$x \equiv \frac{12}{(69,111)} \times (-8) + \frac{111}{(69,111)} t (\bmod 111), \quad t=0,1,2,\cdots,(69,111)-1$$

即方程 $69x \equiv 12 (\bmod 111)$ 的全部解为

$$x \equiv 79+37t (\bmod 111), \quad t=0,1,2$$

把 $t=0,1,2$ 代入进行计算, 得方程的全部解为

$$x \equiv 5,42,79 (\bmod 111)$$

注意到刚才我们代入的是 $x_0 \equiv -8$, 如果代入 $x_0 \equiv 29$ 又会是什么情况呢? 将 $x_0 \equiv 29$ 代入, 得

$$x \equiv \frac{12}{(69,111)} \times 29 + \frac{111}{(69,111)} t (\bmod 111), \quad t=0,1,2,\cdots,(69,111)-1$$

即方程 $69x \equiv 12 (\bmod 111)$ 的全部解为

$$x \equiv 5+37t (\bmod 111), \quad t=0,1,2$$

把 $t=0,1,2$ 代入进行计算, 得方程的全部解为

$$x \equiv 5,42,79 (\bmod 111)$$

可以看到, 得到的方程的解是一致的, 究其原因, 在于 $\dfrac{12}{(69,111)} \times 29$ 和 $\dfrac{12}{(69,111)} \times (-8)$ 之差为 $\dfrac{12}{(69,111)} \times 37 = 111$, 也就是 111 的倍数. 为了减少计算过程中的出错率, 应当选择较小的数进行计算.

【定义 3.1.2】 设 $a \in \mathbf{Z}, m \in \mathbf{N}, (a,m)=1$, 则存在唯一的一个模 m 的剩余类, 类中任意元素 a', 都使得 $aa' \equiv 1 (\bmod m)$ 成立.

a' 称为 a 的模 m 的逆元, 记为 $a^{-1} (\bmod m)$, 即 $aa^{-1} \equiv 1 (\bmod m)$.

可以看到, 若 $(a,m)=1$, 则 a 模 m 的逆元 $a^{-1} (\bmod m)$ 可根据定理3.1.1描述的同余方程的求解过程求得, 也就是使用欧几里德算法求解.

实际上, 当模数较小时, 并不需要使用欧几里德算法进行求解, 可以用观察法或者穷举法得到逆元.

比如, 求 9 模 16 的逆元. 用 $9 \times 1, 9 \times 2, 9 \times 3, 9 \times 4, \cdots$ 去模 16, 找余数为 ± 1 的出现, 就可求得逆元. 这里因 $9 \times 7 = 63 \equiv -1 (\bmod 16)$, 故 $9^{-1} (\bmod 16) \equiv -7 \equiv 9$.

又如,求 9 模 14 的逆元.用 $9 \times 1, 9 \times 2, 9 \times 3, \cdots$ 去模 14,容易发现 $9 \times 3 = 27 \equiv -1(\bmod 14)$,故 $9^{-1}(\bmod 14) \equiv -3 \equiv 11$.

一般来说,当模数小于 20 时,用观察法或者穷举法既易于求解也易于验证.当模数大于 20,且无法直接看出逆元时,应使用欧几里德算法求解.

【例 3.1.9】　求解同余方程 $84x \equiv 12(\bmod 114)$.

解　(1) 判断方程是否有解.因 $(84, 114) = 6 \mid 12$,故同余方程有解.

(2) 计算 $\dfrac{a}{(a, m)} x \equiv 1\left(\bmod \dfrac{m}{(a, m)}\right)$ 的解.代入相关参数,得

$$\frac{84}{(84, 114)} x \equiv 1\left(\bmod \frac{114}{(84, 114)}\right)$$

即 $14x \equiv 1(\bmod 19)$.

本来 $14^{-1}(\bmod 19)$ 并不容易看出来,似乎只能用欧几里德算法求解,但由同余的性质知,-5 和 14 模 19 时在同一个剩余类中,即 $-5 \equiv 14(\bmod 19)$,而 $5^{-1}(\bmod 19)$ 是容易求得的,因为 $5 \times 4 = 20 \equiv 1(\bmod 19)$,也就是说,

$$5^{-1}(\bmod 19) \equiv 4(\bmod 19)$$

于是便得

$$14^{-1}(\bmod 19) \equiv -4 \equiv 15(\bmod 19)$$

可以验证 $15 \times 14 = 210 \equiv 1(\bmod 19)$.

故 $14x \equiv 1(\bmod 19)$ 的解为 $x_0 \equiv x \equiv -4 \equiv 15(\bmod 19)$.

(3) 写出方程 $ax \equiv b(\bmod m)$ 的全部解:

$$x \equiv \frac{b}{(a, m)} x_0 + \frac{m}{(a, m)} t(\bmod m), \quad t = 0, 1, 2, \cdots, (a, m) - 1$$

代入 $x_0 \equiv -4$,得

$$x \equiv \frac{12}{(84, 114)} \times (-4) + \frac{114}{(84, 114)} t(\bmod 114), \quad t = 0, 1, 2, \cdots, (84, 114) - 1$$

方程 $84x \equiv 12(\bmod 114)$ 的全部解为

$$x \equiv 106 + 19t(\bmod 114), \quad t = 0, 1, 2, 3, 4, 5$$

即 $x \equiv 11, 30, 49, 68, 87, 106(\bmod 114)$.

在使用欧几里德算法进行求解的过程中,也可以使用观察法或者穷举法求逆元.

【例 3.1.10】　求解同余方程 $69x \equiv 12(\bmod 111)$(重解例 3.1.8).

解　(1) 判断方程是否有解.因 $(69, 111) = 3 \mid 12$,故同余方程有解.

(2) 计算 $23x \equiv 1(\bmod 37)$ 的解.在使用欧几里德算法求解的过程中,我们

得到：
$$37 = 23 + 14 , \quad 23 = 14 + 9$$
注意到后面实质是求一个 $9 \times s + 14 \times t = 1$ 的线性表达式，相当于求 $9^{-1} (\mathrm{mod}\, 14)$，即 9 模 14 的逆元. 通过观察容易得到 $9 \times (-3) + 14 \times 2 = 1$，所以
$$
\begin{aligned}
1 &= 14 \times 2 - 9 \times 3 \\
&= 14 \times 2 - (23 - 14) \times 3 = 14 \times 5 - 23 \times 3 \\
&= (37 - 23) \times 5 - 23 \times 3 = 37 \times 5 - 23 \times 8
\end{aligned}
$$
等式两端模 37，得
$$1 \equiv 37 \times 5 - 23 \times 8 (\mathrm{mod}\, 37)$$
故 $23x \equiv 1 (\mathrm{mod}\, 37)$ 的解为 $x_0 \equiv x \equiv -8 \equiv 29 (\mathrm{mod}\, 37)$.

（3）后面过程见例 3.1.8，此处省略.

3.2　一次同余方程组

3.2.1　中国剩余定理

公元 3～4 世纪的《孙子算经》中有"物不知数"的问题：今有物，不知其数，三三数之剩二，五五数之剩三，七七数之剩二，问物几何？

设物的总数为 x，则 x 应当满足
$$
\begin{cases}
x \equiv 2 (\mathrm{mod}\, 3) \\
x \equiv 3 (\mathrm{mod}\, 5) \\
x \equiv 2 (\mathrm{mod}\, 7)
\end{cases}
$$
该方程组称为一次同余方程组. 也就是说，方程组里面的每个方程都是一个一次同余方程.

涉及同余方程组的问题在公元 1 世纪希腊数学家 Nicomachus 的著作中出现过，然而直到 1247 年，秦九韶才在其著作《数书九章》中给出解线性同余方程组的一般方法. 此定理称为中国剩余定理. 或许因为秦九韶等中国数学家对方程组的解作出了贡献，且该问题在《孙子算经》中提出，故又称之为孙子定理.

其实，一次同余方程组的一般形式为
$$
\begin{cases}
a_{11} x + a_{10} \equiv 0 (\mathrm{mod}\, m_1) \\
a_{21} x + a_{20} \equiv 0 (\mathrm{mod}\, m_2) \\
\quad \vdots \\
a_{n1} x + a_{n0} \equiv 0 (\mathrm{mod}\, m_n)
\end{cases}
\quad 或 \quad
\begin{cases}
a_1 x \equiv b_1 (\mathrm{mod}\, m_1) \\
a_2 x \equiv b_2 (\mathrm{mod}\, m_2) \\
\quad \vdots \\
a_n x \equiv b_n (\mathrm{mod}\, m_n)
\end{cases}
$$

　　不过，一般形式的一次同余方程组是否有解以及有解时如何求解，需要从求解特殊的一次同余方程组入手. 下面从形式上最简单、最特殊的一次同余方程组入手进行学习.

　　【定理 3.2.1】　（孙子定理、中国剩余定理）设 $m_1, m_2, \cdots, m_k$ 是两两互素的正整数，则对任意整数 $b_1, b_2, \cdots, b_k$，一次同余方程组：

$$\begin{cases} x \equiv b_1 (\bmod m_1) \\ x \equiv b_2 (\bmod m_2) \\ \qquad\vdots \\ x \equiv b_k (\bmod m_k) \end{cases} \tag{3.2.1}$$

必有解，且解数为 1. 并且，若令

$$M = m_1 m_2 \cdots m_k, \quad M_i = M/m_i, \quad i = 1, 2, \cdots, k$$

则同余方程组(3.2.1)的解是

$$x \equiv M_1 M_1^{-1} b_1 + \cdots + M_k M_k^{-1} b_k (\bmod M) \tag{3.2.2}$$

其中 M_i^{-1} 是满足

$$M_i M_i^{-1} \equiv 1 (\bmod m_i), \quad i = 1, 2, \cdots, k \tag{3.2.3}$$

的一个整数（即 M_i 模 m_i 的逆元）.

　　证明　先证唯一性，即若同余方程组(3.2.1)有解 x_1、x_2，则必有

$$x_1 \equiv x_2 (\bmod M)$$

这是因为当 x_1、x_2 均是同余方程组(3.2.1)的解时，必有

$$x_1 \equiv x_2 \equiv b_i (\bmod m_i), \quad i = 1, 2, \cdots, k$$

由于 $m_1, m_2, \cdots, m_k$ 两两互素，故由同余的性质（即定理 2.1.8）知 $x_1 \equiv x_2 (\bmod M)$，唯一性成立.

　　下面证

$$c \equiv M_1 M_1^{-1} b_1 + \cdots + M_k M_k^{-1} b_k (\bmod M) \tag{3.2.4}$$

是同余方程组(3.2.1)的解.

　　因为 $(m_i, M_i) = 1$，所以满足 $M_i M_i^{-1} \equiv 1 (\bmod m_i)$ 的 M_i^{-1} 必存在. 由式(3.2.3)及 $m_i | M_j (j \neq i)$，式(3.2.4)两端模 m_i，得

$$c \equiv M_i M_i^{-1} b_i \equiv b_i (\bmod m_i), \quad i = 1, 2, \cdots, k$$

也就是说，因为 $m_i | M_j (j \neq i)$，所以除了 $M_i M_i^{-1} b_i$ 这一项外，$m_i | M_j M_j^{-1} b_j (j \neq i)$. 因此，$c \equiv M_1 M_1^{-1} b_1 + \cdots + M_k M_k^{-1} b_k (\bmod M)$ 满足一次同余方程组里的每一个方程，即 c 是解.

　　证法虽然简单，但很难看出为什么有形如式(3.2.2)那样的解，这种证明

方法在数学上称为**构造法**，即通过直接或间接构造出具有命题所要求的性质的实例来完成证明.

【例 3.2.1】　解"物不知数"问题，即解一次同余方程组

$$\begin{cases} x\equiv 2(\mathrm{mod}\,3) \\ x\equiv 3(\mathrm{mod}\,5) \\ x\equiv 2(\mathrm{mod}\,7) \end{cases}$$

解　已知 $m_1=3$，$m_2=5$，$m_3=7$，$b_1=2$，$b_2=3$，$b_3=2$，故

$$M=3\cdot 5\cdot 7=105,\ M_1=35,\ M_2=21,\ M_3=15$$

解方程 $M_iM_i^{-1}\equiv 1(\mathrm{mod}\,m_i)$，求 $M_i^{-1}(i=1,2,3)$：

$35M_1^{-1}\equiv 1(\mathrm{mod}\,3)$，即计算 $2M_1^{-1}\equiv 1(\mathrm{mod}\,3)$，易得 $M_1^{-1}\equiv 2(\mathrm{mod}\,3)$；

$21M_2^{-1}\equiv 1(\mathrm{mod}\,5)$，即计算 $M_2^{-1}\equiv 1(\mathrm{mod}\,5)$，故 $M_2^{-1}\equiv 1(\mathrm{mod}\,5)$；

$15M_3^{-1}\equiv 1(\mathrm{mod}\,7)$，即计算 $M_3^{-1}\equiv 1(\mathrm{mod}\,7)$，故 $M_3^{-1}\equiv 1(\mathrm{mod}\,7)$.

由式(3.2.2)得同余方程组的解为

$$\begin{aligned} x &\equiv M_1M_1^{-1}b_1+\cdots+M_kM_k^{-1}b_k(\mathrm{mod}\,M) \\ &\equiv 35\times 2\times 2+21\times 1\times 3+15\times 1\times 2(\mathrm{mod}\,105) \\ &\equiv 233(\mathrm{mod}\,105)\equiv 23(\mathrm{mod}\,105) \end{aligned}$$

即物品数可能为

$$x=23+105k,\quad k\geqslant 0$$

最少为 23.

由于通解中涉及的变量较多，因此在进行计算时，通过写公式再代入正确的数值很重要.

【例 3.2.2】　(韩信点兵)有兵一队，不到百人. 若排成三行纵队，则末行一人；若排成五行纵队，则末行二人；若排成七行纵队，则末行五人. 求兵数.

解　问题等价于解方程组

$$\begin{cases} x\equiv 1(\mathrm{mod}\,3) \\ x\equiv 2(\mathrm{mod}\,5) \\ x\equiv 5(\mathrm{mod}\,7) \end{cases}$$

其中 $b_1=1$，$b_2=2$，$b_3=5$. 由例 3.2.1 知 $m_1=3$，$m_2=5$，$m_3=7$ 时，

$$M=105,\ M_1=35,\ M_2=21,\ M_3=15$$

$$M_1^{-1}\equiv 2(\mathrm{mod}\,3),\ M_2^{-1}\equiv 1(\mathrm{mod}\,5),\ M_3^{-1}\equiv 1(\mathrm{mod}\,7)$$

将其代入 $x\equiv M_1M_1^{-1}b_1+\cdots+M_kM_k^{-1}b_k(\mathrm{mod}\,M)$ 中，得

$$x\equiv 35\times 2\times 1+21\times 1\times 2+15\times 1\times 5=187\equiv 82(\mathrm{mod}\,105)$$

实际上,对于只有两个方程的一次同余方程组,其解的形式要简单很多,求解过程也能得到简化.

设 m_1、m_2 是互素的正整数,则对任意整数 b_1、b_2,一次同余方程组

$$\begin{cases} x \equiv b_1 \pmod{m_1} \\ x \equiv b_2 \pmod{m_2} \end{cases}$$

必有解,且解数为 1. 并且同余方程组的解是

$$x \equiv m_1 m_1^{-1} b_2 + m_2 m_2^{-1} b_1 \pmod{m_1 m_2}$$

其中

$$m_1 m_1^{-1} \equiv 1 \pmod{m_2}, \quad m_2 m_2^{-1} \equiv 1 \pmod{m_1}$$

这个解看起来与通用解法的解的表现形式有差别,但实质上是一样的. 通过把通用解法解中的 $M_1 = m_2$,$M_2 = m_1$ 直接替换,就能得到这个形式.

求逆元时,比如求 $m_1^{-1} \pmod{m_2}$,就能得到一个线性表达式 $1 = m_1 s + m_2 t$,s 和 t 为整数. 这时,$s = m_1^{-1} \pmod{m_2}$,$t = m_2^{-1} \pmod{m_1}$.

【例 3.2.3】 求解一次同余方程组

$$\begin{cases} x \equiv 2 \pmod{19} \\ x \equiv 3 \pmod{23} \end{cases}$$

解 已知 $m_1 = 19$,$m_2 = 23$,$b_1 = 2$,$b_2 = 3$. 然后用欧几里德算法求线性表达式,即

$$23 = 19 + 4$$

这里容易看出 $(19, 4) = 1$,对应的线性表达式为

$$1 = 4 \times 5 - 19$$

$$1 = 4 \times 5 - 19 = (23 - 19) \times 5 - 19 = 23 \times 5 - 19 \times 6 = 23 \times 5 + 19 \times (-6)$$

直接把数值代入解的形式中,得到

$$\begin{aligned} x &\equiv m_1 m_1^{-1} b_2 + m_2 m_2^{-1} b_1 \pmod{m_1 m_2} \\ &\equiv 19 \times (-6) \times 3 + 23 \times 5 \times 2 \pmod{23 \times 19} \\ &\equiv -112 \pmod{437} \equiv 325 \pmod{437} \end{aligned}$$

也可以按照前面一次同余方程组的通用解法进行求解.

已知 $m_1 = 19$,$m_2 = 23$,$b_1 = 2$,$b_2 = 3$,故

$$M_1 = 23, \quad M_2 = 19$$

将数值代入 $M_1 \times M_1^{-1} \equiv 1 \pmod{m_1}$ 中,得 $23 \times M_1^{-1} \equiv 1 \pmod{19}$,即

$$M_1^{-1} \equiv 5 \pmod{19}$$

将数值代入 $M_2 \times M_2^{-1} \equiv 1 \pmod{m_2}$ 中,得 $19 \times M_2^{-1} \equiv 1 \pmod{23}$,得

$$M_2^{-1} \equiv -6 \pmod{23}$$

故方程组的解为

$$x \equiv M_1 M_1^{-1} b_1 + M_2 M_2^{-1} b_2 \pmod{M}$$
$$\equiv 23 \times 5 \times 2 + 19 \times (-6) \times 3 \pmod{23 \times 19}$$
$$\equiv 325 \pmod{437}$$

【例 3.2.4】 计算 $3^{1000} \pmod{391}$.

分析 一个直接的想法就是直接用模重复平方计算法进行计算. 不过, 注意到 $391 = 17 \times 23$ 是合数, $\varphi(391) = \varphi(17 \times 23) = 16 \times 22 = 352$, 由欧拉定理可知 $3^{352} \equiv 1 \pmod{391}$, 故 $3^{1000} \pmod{391} \equiv 3^{296 + 2 \times 352} \equiv 3^{296}$. 但由模重复平方计算法可知, 计算 $3^{1000} \pmod{391}$ 比计算 $3^{296} \pmod{391}$ 只多一个循环.

实际上, 令 $x \equiv 3^{1000} \pmod{391}$, 由同余的性质(即定理 2.1.8)知, 等价于求解一次同余方程组:

$$\begin{cases} x \equiv 3^{1000} \pmod{17} \\ x \equiv 3^{1000} \pmod{23} \end{cases}$$

由欧拉定理知 $3^{16} \equiv 1 \pmod{17}$, 故

$$x \equiv 3^{1000} \pmod{17} \equiv 3^{16 \times 62 + 8} \equiv 3^8 \equiv 16 \equiv -1$$

由欧拉定理知 $3^{22} \equiv 1 \pmod{23}$, 故

$$x \equiv 3^{1000} \pmod{23} \equiv 3^{22 \times 45 + 10} \equiv 3^{10} \equiv 8$$

即解一次同余方程组:

$$\begin{cases} x \equiv 16 \equiv -1 \pmod{17} \\ x \equiv 8 \pmod{23} \end{cases}$$

由中国剩余定理知

$$m_1 = 17, \ m_2 = 23, \ M = 391, \ M_1 = 23, \ M_2 = 17$$

因 $M_1 M_1^{-1} \equiv 1 \pmod{17}$, 即 $23 M_1^{-1} \equiv 1 \pmod{17}$, 故由欧几里德算法计算可得

$$M_1^{-1} \equiv 3 \pmod{17}$$

因 $M_2 M_2^{-1} \equiv 1 \pmod{23}$, 即 $17 M_2^{-1} \equiv 1 \pmod{23}$, 故由欧几里德算法计算可得

$$M_2^{-1} \equiv 19 \equiv -4 \pmod{23}$$

将以上数据代入 $x \equiv M_1 M_1^{-1} b_1 + M_2 M_2^{-1} b_2 \pmod{M}$ 中, 得方程组的解:

$$x \equiv 23 \times 3 \times 16 + 17 \times 19 \times 8 \equiv 3688 \pmod{391} \equiv 169$$

也可以是

$$x \equiv 23 \times 3 \times (-1) + 17 \times 19 \times 8 \equiv 2515 \pmod{391} \equiv 169$$

还可以是

$$x \equiv 23 \times 3 \times (-1) + 17 \times (-4) \times 8 \equiv -613 \pmod{391} \equiv 169$$

或

$$x \equiv 23 \times 3 \times 16 + 17 \times (-4) \times 8 \equiv 560 (\bmod 391) \equiv 169$$

可见，代入不同的数值，计算量是有差别的．为减小计算量，尽量选择小的数值代入．代入不同的数值时，计算结果的差值是 391 的整数倍．如 $3688 - 2515 = 1173 = 391 \times 3$.

此类方程组也并非一定遵循通解方法，在模数乘积比较小时，可以先列举方程组中各个方程的解的集合，然后求各个集合的交集，即方程组的解．

【例 3.2.5】 求解方程组

$$\begin{cases} x \equiv 1 (\bmod 3) \\ x \equiv 5 (\bmod 8) \end{cases}$$

解 方程 $x \equiv 1 (\bmod 3)$ 的解为 $A = \{\cdots, 1, 4, 7, 10, 13, 16, \cdots\}$，方程 $x \equiv 5 (\bmod 8)$ 的解为 $B = \{\cdots, 5, 13, 21, 29 \cdots\}$，而其共同解则为集合 A 与 B 的交，即

$$A \bigcap B = \{\cdots, 13, \cdots\}$$

所以 $x \equiv 13 (\bmod 24)$ 是方程组的解．

除了用构造法解一次同余方程组外，还可以用迭代法求解，具体求解过程参见相关书籍．

【人物传记】 秦九韶(1202—1261)，字道古，中国南宋数学家．他有十年时间在与成吉思汗率领的军队作战的前线度过．根据他的叙述，他向一位隐士学习数学．在前线的日子里，他研究了一些数学问题．他选取了其中的 81 个，将其分为 9 部分，写成了《数书九章》．此书包括线性同余方程组、中国剩余定理、代数方程、几何图形的面积、线性方程组等．

3.2.2　同余方程的解数

【定理 3.2.2】 设 $m_1, m_2, \cdots, m_k$ 两两互素，$M = m_1 m_2 \cdots m_k$，$f(x)$ 是整系数多项式，则同余方程

$$f(x) \equiv 0 (\bmod M) \tag{3.2.5}$$

与同余方程组

$$\begin{cases} f(x) \equiv 0 (\bmod m_1) \\ f(x) \equiv 0 (\bmod m_2) \\ \quad \vdots \\ f(x) \equiv 0 (\bmod m_k) \end{cases} \tag{3.2.6}$$

等价,且
$$T(M;f)=T(m_1;f)\cdot\cdots\cdot T(m_k;f)$$
这里 $T(M;f)$ 表示同余方程 $f(x)\equiv 0(\bmod M)$ 的解数.

证明　由同余的性质知,当 $m_1,m_2,\cdots,m_k$ 两两互素时,
$$f(x)\equiv 0(\bmod M)\Leftrightarrow\begin{cases}f(x)\equiv 0(\bmod m_1)\\f(x)\equiv 0(\bmod m_2)\\\quad\vdots\\f(x)\equiv 0(\bmod m_k)\end{cases}$$

设方程
$$f(x)\equiv 0(\bmod m_i) \tag{3.2.7}$$
的解是 $x\equiv b_i(\bmod m_i)$,$i=1,2,\cdots,k$,则由中国剩余定理可求得一次同余方程组
$$\begin{cases}x\equiv b_1(\bmod m_1)\\x\equiv b_2(\bmod m_2)\\\quad\vdots\\x\equiv b_k(\bmod m_k)\end{cases} \tag{3.2.8}$$
的解为
$$x\equiv M_1M_1^{-1}b_1+\cdots+M_kM_k^{-1}b_k(\bmod M)$$

因为
$$f(x)\equiv f(b_i)\equiv 0(\bmod m_i),\quad i=1,2,\cdots,k$$
故 x 也是方程(3.2.5)的解. 因此,当 b_i 遍历 $f(x)\equiv 0(\bmod m_i)(i=1,2,\cdots,k)$ 的所有解时,x 也遍历方程(3.2.6)的所有解,即方程组(3.2.6)的解数为
$$T(m_1;f)\cdot\cdots\cdot T(m_k;f)$$

3.2.3　扩展阅读

本节给出利用前面的知识可以进行求解的同余方程,以加深对相关知识点的理解和综合应用能力.

【例 3.2.6】　解一次同余方程 $2^{2011}x\equiv 10(\bmod 77)$.

解　因为 $\varphi(77)=60$,由欧拉定理可得 $2^{60}\equiv 1(\bmod 77)$,故
$$2^{2011}=2^{60\times 33+31}\equiv 2^{31}(\bmod 77)$$
由模重复平方计算法的思路可得
$$2\equiv 2(\bmod 77),\ 2^2\equiv 4(\bmod 77),\ 2^4\equiv 16(\bmod 77)$$
$$2^8=256\equiv 25(\bmod 77),\ 2^{16}=625\equiv 9(\bmod 77)$$

故
$$2^{31} = 2^{16} \times 2^8 \times 2^4 \times 2^2 \times 2 = 9 \times 25 \times 16 \times 4 \times 2 \equiv 2 \pmod{77}$$
即原同余方程等价于同余方程
$$2x \equiv 10 \pmod{77}$$
解得
$$x \equiv 5 \pmod{77}$$

【例 3.2.7】 (模数 m_1, m_2, $\cdots$, m_k 不是两两互素)解同余方程组
$$\begin{cases} x \equiv 3 \pmod 8 \\ x \equiv 11 \pmod{20} \\ x \equiv 1 \pmod{15} \end{cases}$$

解 这里 $m_1 = 8$, $m_2 = 20$, $m_3 = 15$ 不是两两互素,所以不能直接用定理 3.2.1 求解. 容易看出,本同余方程组的等价方程组为
$$\begin{cases} x \equiv 3 \pmod 8 \\ x \equiv 11 \pmod 4 \\ x \equiv 11 \pmod 5 \\ x \equiv 1 \pmod 5 \\ x \equiv 1 \pmod 3 \end{cases}$$
满足 $x \equiv 3 \pmod 8$ 的 x 必满足 $x \equiv 11 \pmod 4$,而 $x \equiv 11 \pmod 5$ 和 $x \equiv 1 \pmod 5$ 是一样的. 因此,原同余方程组和同余方程组
$$\begin{cases} x \equiv 3 \pmod 8 \\ x \equiv 1 \pmod 5 \\ x \equiv 1 \pmod 3 \end{cases}$$
的解相同.

该同余方程组满足定理 3.2.1 的条件,其解为
$$x \equiv -29 \pmod{120}$$
注意到 $[8, 20, 15] = 120$,所以这也是原同余方程组的解,且解数为 1.

【例 3.2.8】 解同余方程组
$$\begin{cases} x \equiv 3 \pmod 7 \\ 6x \equiv 10 \pmod 8 \end{cases}$$

解 这不是定理 3.2.1 中的同余方程组的形式. 容易得到第二个同余方程的解为 $x \equiv -1, 3 \pmod 8$,解数为 2.

因此,原同余方程组的解就是以下两个同余方程组的解:

$$\begin{cases} x \equiv 3 \pmod 7 \\ x \equiv -1 \pmod 8 \end{cases} \tag{3.2.9}$$

及

$$\begin{cases} x \equiv 3 \pmod 7 \\ x \equiv 3 \pmod 8 \end{cases} \tag{3.2.10}$$

容易求出，同余方程组(3.2.9)的解是 $x \equiv 31 \pmod{56}$；同余方程组(3.2.10)的解是 $x \equiv 3 \pmod{56}$.

所以，原同余方程组的解数为 2，其解为

$$x \equiv 3, 31 \pmod{56}$$

【例 3.2.9】 解同余方程组

$$\begin{cases} 3x + y \equiv 7 \pmod{23} & ① \\ x + 2y \equiv 6 \pmod{23} & ② \end{cases}$$

解　①×2−②得

$$5x \equiv 8 \pmod{23}$$

因为 $(5, 23) = 1 \mid 8$，故方程有解且唯一. 解 $5x \equiv 1 \pmod{23}$，得

$$x \equiv 14 \pmod{23}$$

解 $5x \equiv 8 \pmod{23}$，得

$$x \equiv 20 \pmod{23}$$

将其代入①，得

$$y \equiv 16 \pmod{23}$$

3.3　一次同余方程在密码学中的应用

3.3.1　密码学的基本概念

密码学包括密码编码学和密码分析学. **密码编码学**主要研究把消息变换成秘密信息的方法. 需要变换的消息称为**明文**，变换所得到的秘密信息称为**密文**. **密码分析学**主要研究破译密文的方法.

图 3.3.1 所示为保密通信示意图. 一个密码算法通常由 5 个部分构成：① 明文空间（全体明文的集合）；② 密文空间（全体密文的集合）；③ 密钥空间（全体密钥的集合）；④ 加密变换（算法）；⑤ 解密变换（算法）.

如果一个密码算法的加密密钥和解密密钥相同，或者容易从其中一个推导出另一个，则称为**对称密码算法**. 对称密码算法需要一个安全信道来传输收发

图 3.3.1　保密通信示意图

双方共享的加密(解密)的密钥.

　　如果一个密码算法的加密密钥和解密密钥不同,密码分析者不能从加密密钥计算出解密密钥,则称为**公钥密码算法**,或者非对称密码算法. 非对称密码算法(公钥密码算法)不需要安全信道来传输共享的加密和解密的密钥. 非对称密码算法的加密密钥公开,解密密钥保密.

　　因此图 3.3.1 中的密钥 k_1 和 k_2 可能相同,也可能不同;安全信道标为虚线表示不是一定必要的(对称密码算法需要安全信道来传输密钥,非对称密码算法则不需要).

3.3.2　仿射密码算法

　　仿射密码算法是一种对称密码算法.

　　记 $\mathbf{Z}_{26} = \{0, 1, 2, 3, \cdots, 25\}$ 分别对应 26 个字母,也即模 26 的最小非负完全剩余系. 即字母 a 对应集合中的 0,b 对应 1,$\cdots$,z 对应 25. 这里的字母不分大小写. 选择整数 k,要求 $(k, 26) = 1$,那么 $k = 1, 3, 5, 7, 9, 11, 15, 17, 19, 21, 23, 25$ 之一. 再选择 $b \in \mathbf{Z}_{26}$,一起组成密钥 (k, b).

　　设 p 为要加密的明文字母,仿射密码的加密变换为 $c \equiv kp + b \pmod{26}$,解密变换为 $p \equiv k^{-1}(c - b) \pmod{26}$,其中 k^{-1} 是 k 模 26 的逆元,即 $k^{-1} \times k \equiv 1 \pmod{26}$.

　　【**例 3.3.1**】　选定 (k, b) 为 $(7, 3)$,那么加密变换为
$$c \equiv 7p + 3 \pmod{26}$$

　　(1) 加密明文:hot.

　　首先将 h、o、t 三个字母分别转化为数字 7、14 和 19,然后加密:
$$7 \times \begin{bmatrix} 7 \\ 14 \\ 19 \end{bmatrix} + \begin{bmatrix} 3 \\ 3 \\ 3 \end{bmatrix} \equiv \begin{bmatrix} 0 \\ 23 \\ 6 \end{bmatrix} \pmod{26}$$

故明文 hot 对应的密文为 axg.

　　(2) 解密密文:axg.

由于 $7 \times 15 (\bmod 26) \equiv 1$,故 $7^{-1} (\bmod 26) \equiv 15$,从而解密变换为

$$p \equiv 15 \times (c-3) (\bmod 26)$$

解密过程如下:

$$15 \times \left(\begin{bmatrix} 0 \\ 23 \\ 6 \end{bmatrix} - \begin{bmatrix} 3 \\ 3 \\ 3 \end{bmatrix} \right) \equiv \begin{bmatrix} -45 \\ 300 \\ 45 \end{bmatrix} \equiv \begin{bmatrix} 7 \\ 14 \\ 19 \end{bmatrix} (\bmod 26)$$

故解密得到的明文为 hot.

【例 3.3.2】 若选用仿射变换加密,字母 H 加密后对应字母 A,字母 T 加密后对应字母 G,求用于加密的参数 (k, b).

解 已知字母 H 对应的数字为 7,字母 A 对应的数字为 0,字母 T 对应的数字为 19,字母 G 对应的数字为 6,将其代入加密变换 $c \equiv kp + b (\bmod 26)$,得

$$\begin{cases} 0 \equiv 7k + b (\bmod 26) \\ 6 \equiv 19k + b (\bmod 26) \end{cases}$$

两式相减,得

$$6 \equiv 12k (\bmod 26)$$

由于 $(12, 26) | 6$,故方程有解.

首先解方程

$$6k \equiv 1 (\bmod 13)$$

由欧几里德算法可得 $k \equiv 11 (\bmod 13)$.

实际上,由于数值很小,很容易看出 $1 = 13 - 6 \times 2$,两边模 13,得 $k \equiv -2 (\bmod 13)$.

写出方程 $ax \equiv b (\bmod m)$ 的全部解:

$$x \equiv \frac{b}{(a, m)} x_0 + \frac{m}{(a, m)} t (\bmod m), \quad t = 0, 1, 2, \cdots, (a, m) - 1$$

故方程

$$6 \equiv 12k (\bmod 26)$$

的所有解为

$$k \equiv 11 \times \frac{6}{(12, 26)} + \frac{26}{(12, 26)} t (\bmod 26), \quad t = 0, 1$$

即

$$k \equiv 7 + 13t (\bmod 26), \quad t = 0, 1$$

亦即

$$k = 7, 20$$

注意到仿射密码要求 k 与 26 互素, 故 $k=7$, 将其代入原方程, 得 $b=3$.

3.3.3　RSA 公钥密码算法

第二次世界大战中, 德军的对称加密设备 Enigma 提供了强大的消息保密功能, 但如何把加密使用的密钥分发到各个作战部队和潜艇等一直困扰着密码学家们. 其他国家的密码学家面临同样的问题. 直到 1976 年, RSA 算法的出现很好地解决了这个问题.

RSA 算法是目前最有影响力的非对称加密算法之一. 现有的对称密码算法如 AES、国密算法 SM4 等实现了对消息的保密功能, 但如何把加密时使用的密钥安全地发送给消息接收者, 主要还是使用 RSA 等公钥密码算法.

RSA 算法是公钥密码算法. 也就是说, 该算法的加密密钥和解密密钥是不同的, 其中加密密钥是公开的, 任何人都可以得到; 解密密钥是保密的, 仅消息接收者知道. 该算法能够抵御已知的密码攻击方法, 已被 ISO 推荐为公钥数据加密标准.

【人物传记】 1976 年, Diffie 和 Hellman 发表了非对称密码的奠基性的论文《密码学的新方向》, 提出了公钥密码的概念和思想, 很多密码学家加入了解决这个问题的行列. 1978 年, 麻省理工学院的 Rivest、Shamir 和 Adleman 在他们的论文《获得数字签名和公钥密码系统的一种方法》中, 设计了 Diffie 和 Hellman 提出的公钥密码思想的一种算法, 简称 RSA 算法. RSA 是三位设计者名字的首字母, 他们获得了 2002 年的图灵奖.

RSA 密码算法在非对称密码算法发展史上有着重要的地位, 也是至今为止理论上最为成熟完善的公钥密码体制, 到现在还被广泛应用.

下面描述 RSA 算法的密钥产生及加密解密过程.

1. 密钥产生

(1) 选择两个大素数 p 和 q, 计算 $n=p\times q$, $\varphi(n)=(p-1)\times(q-1)$, 其中 $\varphi(n)$ 是 n 的欧拉函数值.

(2) 选一个整数 e, 满足 $1<e<\varphi(n)$, 且 $\gcd(\varphi(n), e)=1$. 通过 $d\times e\equiv 1(\bmod\varphi(n))$, 计算出 d.

(3) 以 $\{e, n\}$ 为公开密钥, $\{d, n\}$ 为秘密密钥.

假设 Bob 是秘密消息的接收方, 则只有 Bob 知道秘密密钥 $\{d, n\}$, 所有人都可以知道公开密钥$\{e,n\}$.

2. 加密

如果需要保密的消息为m,则选择 Bob 的公钥$\{e,n\}$,计算 $c\equiv m^e(\mathrm{mod}\, n)$,然后把密文 c 发送给 Bob.

3. 解密

接收方 Bob 收到密文 c,计算 $m\equiv c^d(\mathrm{mod}\, n)$,所得结果 m 即为发送方欲发送的消息.

由 RSA 的算法描述可知,密码分析者知道加密所使用的公开密钥$\{e,n\}$.他想要得到解密用的密钥,可以通过分解 $n=p\times q$ 得到 n 的欧拉函数 $\varphi(n)$.但由于 n 的值非常大,分析者想分解 n 是很困难的,RSA 算法的安全性正是基于 n 的分解困难性.

RSA 算法现在被广泛使用. 可以看到,这个算法的原理还是容易理解的. RSA 算法是非对称密码算法,即加密时的密钥和解密时的密钥不同.

在 RSA 算法的加密和解密阶段,其计算量主要集中在大数的模幂运算,使用前面介绍的模重复平方计算法或平方乘计算法,能有效地降低计算量.

把 RSA 算法放入保密通信模型中,则得到如图 3.3.2 所示的保密通信示意图.

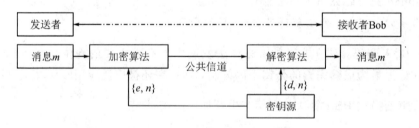

图 3.3.2　密码算法 RSA 示意图

对 RSA 算法的几点说明:

(1)按现在的计算能力,大素数 p 和 q 的大小,按二进制计算长度,应该在 1024 比特左右,且 p 和 q 只相差几个比特. 也就是说,n 的大小为 2048 比特左右.

(2)大素数 p 和 q 是奇数,$\varphi(n)=(p-1)\times(q-1)$是偶数,故 e 一定是奇数.

（3）因为满足 $\gcd(\varphi(n), e) = 1$，即 $\varphi(n)$ 与 e 互素，故使得
$$d \times e \equiv 1 (\bmod \varphi(n))$$
的 d 一定存在，可以通过欧几里德算法求得.

（4）加密的时候，要求明文 m 要小于 n. 若 $m > n$，由于计算时使用了模运算，因此不能通过解密算法正确求得明文 m，只能得到比 n 小且与 $m(\bmod n)$ 同余的整数.

（5）这里介绍的只是理论上的 RSA，具体实现时，请参考相关标准.

【例 3.3.3】　在 RSA 算法密钥产生过程中，设选择的两个素数分别为 $p = 13$，$q = 23$，取加密时的参数 $e = 17$.

（1）求解密时的参数 d；

（2）假设消息发送者欲发送的消息为 $m = 17$，计算对应的密文；

（3）密码分析者在整个通信过程中可以直接获得哪些数据？给出参数和对应的数值.

解　（1）由已知可算得
$$\varphi(n) = (p-1) \times (q-1) = 12 \times 22 = 264$$
由欧几里德算法得
$$264 = 17 \times 15 + 9$$
$$17 = 9 + 8$$
$$9 = 8 + 1$$
逐步回代，得
$$1 = 9 - 8 = 9 - (17 - 9) = 9 \times 2 - 17 = (264 - 17 \times 15) \times 2 - 17$$
$$= 264 \times 2 - 17 \times 31$$
等式两端模 264，得
$$d \equiv -31 \equiv 233 (\bmod 264)$$

（2）由已知算得
$$n = p \times q = 13 \times 23 = 299$$
消息 $m = 17$ 对应的密文为
$$c \equiv m^e (\bmod n) \equiv 17^{17} (\bmod 299)$$
用模重复平方的思想
$$17^{17} (\bmod 299) \equiv 17^{16} \times 17 (\bmod 299)$$
逐步计算，得
$$17^2 (\bmod 299) \equiv -10, \quad 17^4 (\bmod 299) \equiv 100$$
$$17^8 (\bmod 299) \equiv 133, \quad 17^{16} (\bmod 299) \equiv 48$$

故
$$c \equiv 17^{17}(\bmod 299) \equiv 48 \times 17(\bmod 299) \equiv 218$$

容易验证
$$218^{233}(\bmod 299) \equiv 17$$

(3) 在公钥密码算法中，密码分析者知道消息的接收方的公钥 $\{e, n\}$，以及加密消息在传输信道上的密文 c. 在本例中，密码分析者可以直接获得的数据有 $e = 17$，$n = 299$，$c = 218$.

下面通过例 3.3.4 和例 3.3.5 证明密文接收者通过解密计算得到的数值等于发送方加密的消息.

【例 3.3.4】 设 p、q 是两个不同的奇素数，$n = pq$，a 是与 n 互素的整数. 令整数 e 满足 $1 < e < \varphi(n)$ 且 $(e, \varphi(n)) = 1$，则存在正整数 d，使得
$$ed \equiv 1(\bmod \varphi(n)), \quad 1 < d < \varphi(n)$$
而且，对于整数 $c \equiv a^e(\bmod n)(1 \leqslant c < n)$，有 $c^d \equiv a(\bmod n)$.

证明 因 $(e, \varphi(n)) = 1$，故满足 $ed \equiv 1(\bmod \varphi(n))$ 的 d 存在，即存在正整数 k，使得 $ed = 1 + k\varphi(n)$.

由欧拉定理知 $a^{\varphi(p)} \equiv 1(\bmod p)$，所以
$$a^{ed} \equiv a^{1+k\varphi(n)} \equiv a^{1+k\varphi(p)\varphi(q)} \equiv a(a^{\varphi(p)})^{k\varphi(q)} \equiv a(\bmod p)$$
同理可得
$$a^{ed} \equiv a(\bmod q)$$
从而
$$a^{ed} \equiv a(\bmod n)$$
即
$$c^d \equiv a^{ed} \equiv a(\bmod n)$$

【例 3.3.5】 设 p、q 是两个不同的奇素数，$n = pq$，且设整数 e、d 满足
$$ed \equiv 1(\bmod \varphi(n)), \quad 1 < d < \varphi(n)$$
那么，对于整数 $c \equiv a^e(\bmod n)(1 \leqslant c < n)$，有 $c^d \equiv a(\bmod n)$，其中 a 为任意整数. 即 a 是与 n 不一定互素的整数.

证明 设 $(a, n) = 1$，由例 3.3.4 知结论成立.

若 $(a, n) = n$，则 $n | a$，即 $a \equiv 0(\bmod n)$，从而
$$c \equiv a^e \equiv 0(\bmod n)$$
所以
$$c^d \equiv 0 \equiv a(\bmod n)$$

若 $1 < (a, n) < n$，则必有 $a = kp(1 \leqslant k < q)$ 或 $a = kq(1 \leqslant k < p)$.

设 $a = kq$，此时必有 $(a, p) = 1$，从而有

$$a^{ed} \equiv a^{1+k\varphi(n)} \equiv a^{1+k\varphi(p)\varphi(q)} \equiv a(a^{\varphi(p)})^{k\varphi(q)} \equiv a \pmod{p}$$

和

$$a^{ed} \equiv 0 \equiv a \pmod{q}$$

所以

$$a^{ed} \equiv a \pmod{n}$$

即

$$c^d \equiv a^{ed} \equiv a \pmod{n}$$

由 RSA 算法可知，因为 $\{e, n\}$ 为公开密钥，破解 RSA 算法最直接的想法就是分解 n，由 $n = p \times q$ 可得到 $\varphi(n) = (p-1) \times (q-1)$，通过 $d \times e \equiv 1 \pmod{\varphi(n)}$ 可以求出 d. 也就是说，RSA 算法的安全性依赖于这样的假设：分解因子问题是计算上困难的问题.

习　题　3

一、单项选择题

1. 下面一次同余方程中，有解的是（　　　）.

　　A. $12x \equiv 1 \pmod{15}$　　　　　　B. $12x \equiv 2 \pmod{15}$

　　C. $12x \equiv 3 \pmod{15}$　　　　　　D. $12x \equiv 4 \pmod{15}$

2. 下面一次同余方程中，无解的是（　　　）.

　　A. $22x \equiv 55 \pmod{77}$　　　　　B. $33x \equiv 55 \pmod{77}$

　　C. $55x \equiv 44 \pmod{66}$　　　　　D. $66x \equiv 22 \pmod{99}$

3. 下面一次同余方程中，有解的是（　　　）.

　　A. $12x \equiv 22 \pmod{32}$　　　　　B. $22x \equiv 32 \pmod{42}$

　　C. $32x \equiv 42 \pmod{52}$　　　　　D. $52x \equiv 62 \pmod{72}$

4. 下面一次同余方程组中，不可以直接用孙子定理求解的是（　　　）.

　　A. $\begin{cases} x \equiv 5 \pmod{13} \\ x \equiv 7 \pmod{23} \end{cases}$　　　　B. $\begin{cases} x \equiv 3 \pmod{17} \\ x \equiv 5 \pmod{27} \end{cases}$

　　C. $\begin{cases} x \equiv 5 \pmod{15} \\ x \equiv 20 \pmod{25} \end{cases}$　　　　D. $\begin{cases} x \equiv 5 \pmod{11} \\ x \equiv 9 \pmod{21} \end{cases}$

5. 设 b_i、m_i 是正整数，对于一次同余方程组 $x \equiv b_i \pmod{m_i}$，$i = 1, 2,$ 3，下面说法正确的是（　　　）.

　　A. 若 m_1、m_2、m_3 是两两互素的整数，则同余方程组有唯一解

B. 若 b_1、b_2、b_3 是两两互素的整数，则同余方程组一定有解

C. 若 $(b_i, m_i) = 1$，则同余方程组一定有解

D. 如果同余方程组无解，则 b_1、b_2、b_3 不是两两互素的整数

二、综合题

1. 求 40 模 31 的乘法逆元.

2. 解方程 $91x \equiv 35 \pmod{133}$.

3. 解方程 $91x \equiv 35 \pmod{161}$.

4. 求解一次同余方程 $12 \times 7^{168} x \equiv 9 \pmod{27}$.

5. 解一次同余方程组
$$\begin{cases} x \equiv 2 \pmod 5 \\ x \equiv 5 \pmod{11} \\ x \equiv 3 \pmod{17} \end{cases}$$

6. 解一次同余方程组
$$\begin{cases} 5x \equiv 3 \pmod{17} \\ 4x \equiv 6 \pmod{11} \end{cases}$$

7. 解同余方程组
$$\begin{cases} 3x + y \equiv 7 \pmod{23} \\ x + 2y \equiv 6 \pmod{23} \end{cases}$$

第4章　二次同余

在介绍一次同余方程及同余方程组时，讨论了一次同余方程有解的判定及解法，以及一次同余方程组的解法．本章讨论如何判断二次同余方程是否有解．

这里把问题归结到讨论形如 $x^2 \equiv a \pmod{m}$ 的同余方程（理由见 4.3 节），进而引入平方剩余和平方非剩余的概念，再应用数论中常用的勒让得符号讨论 m 为奇素数的情形．

二次同余方程的相关知识是椭圆曲线密码学的基础．

4.1　二次同余方程

在第 3 章介绍一次同余方程时，讨论了形如 $ax \equiv b \pmod{m}$ 的同余方程有解的条件．相似地，二次同余方程 $x^2 \equiv a \pmod{m}$ 也不是总有解，下面举例说明．

【例 4.1.1】　判断同余方程 $x^2 \equiv 3 \pmod{5}$ 是否有解．

解　将模 5 的一个完全剩余系中的剩余逐个代入方程，若有解，则必有一个剩余满足方程．这里取模 5 的最小非负完全剩余系 $\{0, 1, 2, 3, 4\}$，由于

$$0^2 \equiv 0 \pmod{5}, \quad 1^2 \equiv 4^2 \equiv 1 \pmod{5}, \quad 2^2 \equiv 3^2 \equiv 4 \pmod{5}$$

故方程无解．

对于二次同余方程 $x^2 \equiv a \pmod{m}$，由于 $x^2 \equiv (m-x)^2 \pmod{m}$，故只需将 $0, 1, \cdots, \left\lfloor \dfrac{m}{2} \right\rfloor$ 代入方程中计算即可．

【例 4.1.2】　判断 $x^2 \equiv 5 \pmod{11}$ 是否有解．

解　方法如例 4.1.1，可知方程的解为 $x \equiv 4, 7 \pmod{11}$．

当 m 较小时，利用穷举的方法可以判断 $x^2 \equiv a \pmod{m}$ 是否有解，当 m 较大时，这种方法的效率就比较低了．下面讨论更为有效的方法．

【定义 4.1.1】　设 $a \in \mathbf{Z}$，$(a, m) = 1$，如果同余方程 $x^2 \equiv a \pmod{m}$ 有解，

则 a 称为模 m 的**平方剩余**(或二次剩余),否则称为模 m 的平方非剩余(或二次非剩余).

二次非剩余译自 Quadratic Nonresidue,有的书称之为非二次剩余.

由例 4.1.1 和例 4.1.2 知,3 是模 5 的平方非剩余,而 5 是模 11 的平方剩余.

判断二次同余方程 $x^2 \equiv a \pmod m$ 是否有解,也即判断 a 是否是模 m 的平方剩余. 我们先要判断 a 与 m 是否互素,若互素,再判断同余方程 $x^2 \equiv a \pmod m$ 是否有解. 例如,虽然同余方程 $x^2 \equiv 4 \pmod 8$ 有解,但 4 不是模 8 的平方剩余,因为 $(4,8)=4 \neq 1$. 这种情况不在这里的讨论范围.

注意,这里仅讨论二次同余方程 $x^2 \equiv a \pmod m$,$(a,m)=1$ 是否有解,没有讨论如何求解.

【例 4.1.3】 求模 7 的平方剩余.

解 对于同余方程 $x^2 \equiv a \pmod 7$,满足 $(a,7)=1$ 的 a 有 1,2,3,4,5,6,共 6 种取值,采用例 4.1.1 的方法,其解在集合 $\{0,1,2,3,4,5,6\}$ 中,故进行如下计算:

a 取 1 时,$x^2 \equiv 1 \pmod 7$ 的解为 $x \equiv 1,6 \pmod 7$;

a 取 2 时,$x^2 \equiv 2 \pmod 7$ 的解为 $x \equiv 3,4 \pmod 7$;

a 取 3 时,$x^2 \equiv 3 \pmod 7$ 无解;

a 取 4 时,$x^2 \equiv 4 \pmod 7$ 的解为 $x \equiv 2,5 \pmod 7$;

a 取 5 时,$x^2 \equiv 5 \pmod 7$ 无解;

a 取 6 时,$x^2 \equiv 6 \pmod 7$ 无解.

故 1,2,4 为模 7 的平方剩余,而 3,5,6 为模 7 的平方非剩余.

根据平方剩余的定义,也可以让 x 遍历模 7 的简化剩余系,计算 $x^2 \pmod 7$,从而得到模 7 的全部平方剩余,即

$$1^2 \equiv 6^2 \equiv 1 \pmod 7,\ 2^2 \equiv 5^2 \equiv 4 \pmod 7,\ 3^2 \equiv 4^2 \equiv 2 \pmod 7$$

故 1,2,4 为模 7 的全部平方剩余.

下面讨论模数为奇素数的二次剩余问题,即 $x^2 \equiv a \pmod p$,p 为奇素数时的二次剩余问题.

【定理 4.1.1】 设 p 为奇素数,$a \in \mathbf{Z}$,$(a,p)=1$,则

(i) a 是模 p 的平方剩余的充要条件是

$$a^{\frac{p-1}{2}} \equiv 1 \pmod{p}$$

（ii）a 是模 p 的平方非剩余的充要条件是

$$a^{\frac{p-1}{2}} \equiv -1 \pmod{p}$$

且当 a 是模 p 的平方剩余时，同余方程恰有两个解. 这个结论称为欧拉判别条件.

由于定理的证明涉及高次同余方程求解的相关知识，这里仅对 a 是模 p 的平方剩余的必要条件是 $a^{\frac{p-1}{2}} \equiv 1 \pmod{p}$ 做简单推导，说明 $a^{\frac{p-1}{2}} \pmod{p}$ 的值为什么要么是 -1，要么是 1，以方便理解.

因 p 为奇素数，故 $p-1$ 为偶数，$\dfrac{p-1}{2}$ 为整数. 因 $(a,p)=1$，由费马小定理知 $a^{p-1} \equiv 1 \pmod{p}$，故

$$a^{p-1} - 1 \equiv (a^{\frac{p-1}{2}} - 1)(a^{\frac{p-1}{2}} + 1) \equiv 0 \pmod{p}$$

即 $p \mid a^{\frac{p-1}{2}} - 1$ 或 $p \mid a^{\frac{p-1}{2}} + 1$. 即若 a 是模 p 的平方剩余，则存在 $(x')^2 \equiv a \pmod{p}$，故

$$a^{\frac{p-1}{2}} \equiv ((x')^2)^{\frac{p-1}{2}} \equiv (x')^{p-1} \equiv 1 \pmod{p}$$

【例 4.1.4】 用欧拉判别条件判断 5 是否为模 13 的平方剩余.

解 由于 $5^{\frac{13-1}{2}} \equiv 5^6 \equiv (5^2)^3 \pmod{13} \equiv (-1)^3 \equiv -1$，故 5 是模 13 的平方非剩余.

由此可见，用欧拉判别条件进行判断，比用例 4.1.1 的方法易于得到结果. 另外，用欧拉判别条件进行判断时，通常会结合模重复平方法等简化运算.

下面给出平方剩余的一些性质.

【定理 4.1.2】 设 p 为奇素数，模 p 的平方剩余和平方非剩余的数量各为 $\dfrac{p-1}{2}$ 个，而且 $\dfrac{p-1}{2}$ 个平方剩余分别与序列 $1^2, 2^2, \cdots, \left(\dfrac{p-1}{2}\right)^2$ 中的一个数同余，且仅与一个数同余.

证明 易知若 $x_1 + x_2 = p$，则 $x_1^2 \equiv x_2^2 \pmod{p}$，即 $1^2 \equiv (p-1)^2$，$2^2 \equiv (p-2)^2$，$\cdots$，$\left(\dfrac{p-1}{2}\right)^2 \equiv \left(\dfrac{p+1}{2}\right)^2$，共有 $\dfrac{p-1}{2}$ 个数. 下面证明这 $\dfrac{p-1}{2}$ 个数模 p 两两不同余.

反证法. 不妨设 $0 < x_1 < x_2 < p$，且 $x_1 + x_2 \neq p$. 此时若 $x_1^2 \equiv x_2^2 \pmod{p}$，则

$p \mid x_2^2 - x_1^2$，即 $p \mid (x_1 + x_2)(x_2 - x_1)$. 注意到 $0 < x_1 + x_2 < 2p$，$0 < x_2 - x_1 < p$，即 $x_1 + x_2$ 与 p 互素，$x_1 - x_2$ 与 p 互素，$p \mid (x_1 + x_2)(x_2 - x_1)$ 不成立. 故若 $x_1 + x_2 \neq p$，则 $x_1^2 \not\equiv x_2^2 (\bmod p)$.

例如：

取 p 为 3，则平方剩余为 1，平方非剩余为 2；

取 p 为 5，则平方剩余为 $1^2 = 1$，$2^2 = 4$，平方非剩余为 2，3；

取 p 为 7，则平方剩余为 $1^2 = 1$，$2^2 = 4$，$3^2 = 9 \equiv 2(\bmod 7)$，平方非剩余为 3，5，6.

【例 4.1.5】 求模 17 的全部平方剩余.

解　因为

$$1^2 \equiv 1(\bmod 17), \ 2^2 \equiv 4(\bmod 17), \ 3^2 \equiv 9(\bmod 17)$$
$$4^2 \equiv 16(\bmod 17), \ 5^2 \equiv 25 \equiv 8(\bmod 17), \ 6^2 \equiv 36 \equiv 2(\bmod 17)$$
$$7^2 \equiv 49 \equiv 15(\bmod 17), \ 8^2 \equiv 64 \equiv 13(\bmod 17)$$

故 1、2、4、8、9、13、15、16 为模 17 的全部平方剩余，3、5、6、7、10、11、12、14 为模 17 的全部平方非剩余.

【定理 4.1.3】 设 p 为奇素数.

(1) 若 a_1、a_2 均为模 p 的平方剩余，则 $a_1 a_2$ 仍为模 p 的平方剩余；

(2) 若 a_1 为模 p 的平方剩余，a_2 为模 p 的平方非剩余，则 $a_1 a_2$ 为模 p 的平方非剩余；

(3) 若 a_1、a_2 均为模 p 的平方非剩余，则 $a_1 a_2$ 为模 p 的平方剩余.

证明　(1) 因 a_1、a_2 均为模 p 的平方剩余，故

$$a_1^{\frac{p-1}{2}} \equiv 1(\bmod p), \ a_2^{\frac{p-1}{2}} \equiv 1(\bmod p)$$

于是有

$$a_1^{\frac{p-1}{2}} \times a_2^{\frac{p-1}{2}} \equiv (a_1 a_2)^{\frac{p-1}{2}} \equiv 1(\bmod p)$$

说明 $a_1 a_2$ 是模 p 的平方剩余，故得证.

结论(2)、(3)类似可证.

4.2　勒让得符号

4.1 节给出了使用欧拉判别条件判别模奇素数 p 的平方剩余与平方非剩余的方法. 但当 p 比较大时，即使用模重复平方法，计算量也很大. 下面引入的勒让得符号给出了一个便于实际计算的判别方法.

【人物传记】 阿德里安·马里·勒让得(Adrien Marie Legendre, 1752—1833,有的教材翻译为"勒让德")证明了费马大定理 $n=5$ 的情形,在数理天文学和大地测量学中做出了奠基性的一步,他还第一个讨论了最小二乘法. 勒让得符号是在 1798 年尝试证明二次互反律时引入的函数.

【定义 4.2.1】 设 p 为奇素数,$a\in\mathbf{Z}$,$(a,p)=1$,定义**勒让得符号**如下:

$$\left(\frac{a}{p}\right)=\begin{cases}1, & \text{若 } a \text{ 是模 } p \text{ 的平方剩余}\\ -1, & \text{若 } a \text{ 是模 } p \text{ 的平方非剩余}\end{cases}$$

$\left(\dfrac{a}{p}\right)$ 读作 a 对 p 的勒让得符号.

【定理 4.2.1】 (欧拉判别法)设 p 是奇素数,则对任意整数 a,$(a,p)=1$,有

$$\left(\frac{a}{p}\right)\equiv a^{\frac{p-1}{2}}(\bmod\ p)$$

欧拉判别法、勒让得符号和定理 4.1.1 给出的欧拉判别条件是统一的. 当 $a^{\frac{p-1}{2}}(\bmod\ p)\equiv 1$ 时,由欧拉判别条件知 a 是模 p 的平方剩余;由欧拉判别法知 $\left(\dfrac{a}{p}\right)=1$,$a$ 是模 p 的平方剩余.

由勒让得符号和二次剩余的定义可知,p 是奇素数,$a\in\mathbf{Z}$,$(a,p)=1$,下面三个描述是等价的:

(1) 同余方程 $x^2\equiv a(\bmod\ p)$ 有解;

(2) a 是模 p 的平方剩余;

(3) $\left(\dfrac{a}{p}\right)=1$.

由定理 4.2.1 可以直接得到下面的推论.

【推论 1】 设 p 是奇素数,则

(1) $\left(\dfrac{1}{p}\right)=1$;

(2) $\left(\dfrac{-1}{p}\right)=(-1)^{\frac{p-1}{2}}$.

推论 1 可由定理 4.2.1 证得. 其中(1)式表示方程 $x^2\equiv 1(\bmod\ p)$ 有解,结论是显然的.

由推论 1 的(2)式易得如下结论.

【推论 2】 设 p 是奇素数,则

$$\left(\frac{-1}{p}\right)=\begin{cases} 1, & \text{若 } p\equiv1(\bmod 4) \\ -1, & \text{若 } p\equiv3(\bmod 4) \end{cases}$$

【定理 4.2.2】 设 p 是奇素数,则

(1) $\left(\dfrac{a+p}{p}\right)=\left(\dfrac{a}{p}\right)$;

(2) $\left(\dfrac{ab}{p}\right)=\left(\dfrac{a}{p}\right)\left(\dfrac{b}{p}\right)$;

(3) 设 $(a, p)=1$,则 $\left(\dfrac{a^2}{p}\right)=1$.

证明 (1) 勒让得符号 $\left(\dfrac{a+p}{p}\right)$ 的取值可判断同余方程 $x^2\equiv a+p(\bmod p)$ 解的情况,勒让得符号 $\left(\dfrac{a}{p}\right)$ 的取值可判断同余方程 $x^2\equiv a(\bmod p)$ 解的情况. 而同余方程 $x^2\equiv a+p(\bmod p)$ 与 $x^2\equiv a(\bmod p)$ 等价,故得证.

(2) 由欧拉判别法知 $\left(\dfrac{a}{p}\right)\equiv a^{\frac{p-1}{2}}(\bmod p)$,$\left(\dfrac{b}{p}\right)\equiv b^{\frac{p-1}{2}}(\bmod p)$,以及

$\left(\dfrac{ab}{p}\right)\equiv(ab)^{\frac{p-1}{2}}(\bmod p)=a^{\frac{p-1}{2}}b^{\frac{p-1}{2}}(\bmod p)\equiv\left(\dfrac{a}{p}\right)\left(\dfrac{b}{p}\right)$,故得证.

(3) 因 $(a, p)=1$,故判断 $\left(\dfrac{a^2}{p}\right)$ 的值,即判断方程 $x^2\equiv a^2(\bmod p)$ 是否有解. 方程 $x^2\equiv a^2(\bmod p)$ 显然是有解的,故 $\left(\dfrac{a^2}{p}\right)=1$.

【定理 4.2.3】 设 p 是奇素数,则

$$\left(\frac{2}{p}\right)=(-1)^{\frac{p^2-1}{8}}$$

【推论】 设 p 是奇素数,则

$$\left(\frac{2}{p}\right)=\begin{cases} 1, & \text{若 } p\equiv\pm1(\bmod 8) \\ -1, & \text{若 } p\equiv\pm3(\bmod 8) \end{cases}$$

下面举几个 p 较小的验证定理 4.2.3 的例子.

【例 4.2.1】 (1) 求勒让得符号 $\left(\dfrac{2}{3}\right)$ 的值即是判断 $x^2\equiv2(\bmod 3)$ 是否有解. 通过穷举的方式易得 $1^2\equiv2^2\equiv1(\bmod 3)$,故方程无解,即 $\left(\dfrac{2}{3}\right)=-1$.

由定理 4.2.3 知

$$\left(\frac{2}{3}\right)=(-1)^{\frac{3^2-1}{8}}=-1$$

结论相符.

(2) 求勒让得符号 $\left(\frac{2}{7}\right)$ 的值即是判断 $x^2\equiv2\,(\mathrm{mod}\,7)$ 是否有解. 通过穷举的方式易得 $1^2\equiv6^2\equiv1\,(\mathrm{mod}\,7)$, $2^2\equiv5^2\equiv4\,(\mathrm{mod}\,7)$, $3^2\equiv4^2\equiv2\,(\mathrm{mod}\,7)$, 故方程有解, 即 $\left(\frac{2}{7}\right)=1$.

由定理 4.2.3 知

$$\left(\frac{2}{7}\right)=(-1)^{\frac{7^2-1}{8}}=1$$

结论相符.

【定理 4.2.4】 (二次互反律)若 p 与 q 是互素的奇素数, 则

$$\left(\frac{q}{p}\right)=(-1)^{\frac{p-1}{2}\times\frac{q-1}{2}}\left(\frac{p}{q}\right)$$

二次互反律的发现和证明是一段有趣的掌故. 欧拉和勒让得发现了二次互反律, 高斯花费了许多精力来寻求证明. 自从 1796 年得到第一个证明后, 高斯继续寻求证明此定理的不同方法, 他至少给出了六种证明方法. 他寻求更多证明的目的是想找到一种可以推广到更高次幂的方法, 特别地, 他对素数的三次或四次剩余很感兴趣. 他的第六个证明可以推广到高次幂的情形.

除高斯外, 柯西、狄利克雷、埃森斯坦等著名数学家也给出了二次互反律的原创性证明. 据统计, 1921 年有 56 种证明方法, 1963 年有 152 种证明方法, 2004 年已有 207 种证明方法.

下面举几个 p 和 q 都较小的验证定理 4.2.4 的例子.

【例 4.2.2】 (1) 设二次同余方程为 $x^2\equiv3\,(\mathrm{mod}\,7)$, 3 和 7 是互素的奇素数. 通过穷举的方式可以得到下面的计算结果:

$$1^2\equiv6^2\equiv1\,(\mathrm{mod}\,7),\ 2^2\equiv5^2\equiv4\,(\mathrm{mod}\,7),\ 3^2\equiv4^2\equiv2\,(\mathrm{mod}\,7)$$

故可知同余方程无解.

由二次互反律知

$$\left(\frac{3}{7}\right)=(-1)^{\frac{3-1}{2}\times\frac{7-1}{2}}\left(\frac{7}{3}\right)=-\left(\frac{1}{3}\right)=-1$$

结论相符.

（2）设二次同余方程为 $x^2 \equiv 3 \pmod{13}$，3 和 13 是互素的奇素数. 通过穷举的方式可以得到下面的计算结果：

$$1^2 \equiv 12^2 \equiv 1 \pmod{13}, \quad 2^2 \equiv 11^2 \equiv 4 \pmod{13}, \quad 3^2 \equiv 10^2 \equiv 9 \pmod{13}$$

$$4^2 \equiv 9^2 \equiv 3 \pmod{13}, \quad 5^2 \equiv 8^2 \equiv 12 \pmod{13}, \quad 6^2 \equiv 7^2 \equiv 10 \pmod{13}$$

故可知同余方程有解.

由二次互反律知

$$\left(\frac{3}{13}\right) = (-1)^{\frac{3-1}{2} \times \frac{13-1}{2}} \left(\frac{13}{3}\right) = \left(\frac{1}{3}\right) = 1$$

结论相符.

下面是用勒让得符号判断二次同余方程是否有解的综合例题.

【例 4.2.3】 已知 107 是素数，判断二次同余方程 $x^2 \equiv 56 \pmod{107}$ 是否有解.

解　因为

$$\left(\frac{56}{107}\right) = \left(\frac{4}{107}\right)\left(\frac{2}{107}\right)\left(\frac{7}{107}\right)$$

$$= (-1)^{\frac{107^2-1}{8}} \times (-1)^{\frac{7-1}{2} \times \frac{107-1}{2}} \times \left(\frac{107}{7}\right)$$

$$= (-1) \times (-1) \times \left(\frac{107}{7}\right) = \left(\frac{2}{7}\right) = 1$$

故原二次同余方程有解.

注　（1）计算 $(-1)^{\frac{107^2-1}{8}}$ 时，进一步写成 $(-1)^{\frac{(107-1)(107+1)}{8}} = (-1)^{\frac{106 \times 108}{8}}$，因为 106 和 108 都不是 8 的倍数，故 $(106 \times 108)/8$ 为奇数，$(-1)^{\frac{106 \times 108}{8}} = -1$. 即只需要判断 $(106 \times 108)/8$ 的奇偶性，不需要算出数值. 也可以由定理 4.2.3 的推论直接得到结论.

（2）计算 $(-1)^{\frac{7-1}{2} \times \frac{107-1}{2}}$ 时，$\frac{7-1}{2} \times \frac{107-1}{2} = 3 \times 53$ 为奇数，$(-1)^{\frac{7-1}{2} \times \frac{107-1}{2}} = -1$. 这里也只需要判断 $\frac{7-1}{2} \times \frac{107-1}{2}$ 的奇偶性，$\frac{7-1}{2}$ 和 $\frac{107-1}{2}$ 中只要有一个为偶数，结果就为偶数，否则为奇数.

（3）由于 7 很小，由定理 4.1.3 可知，其平方剩余和平方非剩余各为 3 个，计算 $\left(\frac{2}{7}\right)$ 时不需要代入公式 $\left(\frac{2}{p}\right) = (-1)^{\frac{p^2-1}{8}}$，因为判断 $\left(\frac{2}{7}\right)$ 的值就是判断 $x^2 \equiv 2 \pmod 7$ 是否有解，只需计算 $1^2 = 1, 2^2 = 4, 3^2 = 9 \equiv 2 \pmod 7$ 就可以得到 2 是模

7 的平方剩余.

【例 4.2.4】 判断二次同余方程 $x^2 \equiv 41 (\mathrm{mod}\, 1357)$ 是否有解.

解 因为 $1357 = 23 \times 59$，故二次同余方程 $x^2 \equiv 41 (\mathrm{mod}\, 1357)$ 等价于

$$\begin{cases} x^2 \equiv 41 (\mathrm{mod}\, 23) \\ x^2 \equiv 41 (\mathrm{mod}\, 59) \end{cases}$$

也就是说，方程 $x^2 \equiv 41 (\mathrm{mod}\, 23)$ 有解，并且方程 $x^2 \equiv 41 (\mathrm{mod}\, 59)$ 也有解，原二次同余方程 $x^2 \equiv 41 (\mathrm{mod}\, 1357)$ 才有解.

因为

$$\left(\frac{41}{23}\right) = \left(\frac{23+18}{23}\right) = \left(\frac{18}{23}\right) = \left(\frac{2 \times 3^2}{23}\right) = \left(\frac{2}{23}\right) = \left(\frac{2+23}{23}\right) = \left(\frac{25}{23}\right) = 1$$

$$\left(\frac{41}{59}\right) = \left(\frac{41+59}{59}\right) = \left(\frac{100}{59}\right) = 1$$

故二次同余方程 $x^2 \equiv 41 (\mathrm{mod}\, 1357)$ 有解，且解数为 4.

【例 4.2.5】 判断二次同余方程 $x^2 \equiv 41 (\mathrm{mod}\, 161)$ 是否有解.

解 因为 $161 = 23 \times 7$，故二次同余方程 $x^2 \equiv 41 (\mathrm{mod}\, 161)$ 等价于

$$\begin{cases} x^2 \equiv 41 (\mathrm{mod}\, 23) \\ x^2 \equiv 41 (\mathrm{mod}\, 7) \end{cases}$$

由例 4.2.4 知 $\left(\frac{41}{23}\right) = 1$，而 $\left(\frac{41}{7}\right) = \left(\frac{6}{7}\right)$，用穷举的方法易得 $\left(\frac{6}{7}\right) = -1$，故二次同余方程 $x^2 \equiv 41 (\mathrm{mod}\, 161)$ 无解.

若二次同余方程的形式为 $cx^2 \equiv t (\mathrm{mod}\, p)$，则不能直接用勒让得符号判断方程是否有解，需要先整理为 $x^2 \equiv a (\mathrm{mod}\, p)$ 的形式，即 $x^2 \equiv c^{-1}t (\mathrm{mod}\, p)$，再用勒让得符号进一步判断.

【例 4.2.6】 判断二次同余方程 $5x^2 \equiv 41 (\mathrm{mod}\, 161)$ 是否有解.

解 二次同余方程 $5x^2 \equiv 41 (\mathrm{mod}\, 161)$ 等价于

$$\begin{cases} 5x^2 \equiv 41 \equiv -5 (\mathrm{mod}\, 23) \\ 5x^2 \equiv 41 \equiv 6 (\mathrm{mod}\, 7) \end{cases}$$

因为 $(5, 23) = 1$，故由 $5x^2 \equiv -5 (\mathrm{mod}\, 23)$ 得

$$x^2 \equiv -1 (\mathrm{mod}\, 23)$$

又因为 $5^{-1} (\mathrm{mod}\, 7) \equiv 3$，故由 $5x^2 \equiv 6 (\mathrm{mod}\, 7)$ 得

$$x^2 \equiv 5^{-1} \times 6 \equiv 3 \times 6 \equiv 4 (\mathrm{mod}\, 7)$$

即整理该同余方程组得

$$\begin{cases} x^2 \equiv -1 \pmod{23} \\ x^2 \equiv 4 \pmod 7 \end{cases}$$

又因为

$$\left(\frac{-1}{p}\right) = (-1)^{\frac{p-1}{2}}, \quad \left(\frac{-1}{23}\right) = (-1)^{\frac{23-1}{2}} = -1$$

故原二次同余方程无解.

4.3 扩展阅读

本节介绍两个扩展的知识点:

(1) 二次同余方程的一般形式: $ax^2 + bx + c \equiv 0 \pmod m$, $(a, m) = 1$, 为什么只介绍了 $x^2 \equiv a \pmod p$ 的情形?

(2) 在计算勒让德符号时, 如果把奇合数的模数当成奇素数, 会出现什么问题?

下面介绍问题(1)涉及的相关知识.

首先, 二次同余方程的一般形式为

$$ax^2 + bx + c \equiv 0 \pmod m, \quad (a, m) = 1 \qquad (4.3.1)$$

用 $4a$ 乘式(4.3.1)再加上 b^2, 得

$$4a^2 x^2 + 4abx + b^2 \equiv b^2 - 4ac \pmod m$$

即 $(2ax + b)^2 \equiv b^2 - 4ac \pmod m$.

若令 $y = 2ax + b$, $d = b^2 - 4ac$, 则上式变为

$$y^2 \equiv d \pmod m \qquad (4.3.2)$$

当 m 为奇素数时, 设 $p = m$. 若 $x \equiv x_0 \pmod p$ 是方程(4.3.1)的一个解, 则 $y \equiv 2ax_0 + b \pmod p$ 为方程(4.3.2)的解; 反之, 若 $y \equiv y_0 \pmod p$ 为方程(4.3.2)的解, 则由 $y \equiv 2ax + b \pmod p$ 知 $x \equiv (2a)^{-1}(y_0 - b) \pmod p$. 因 $(a, p) = 1$, 故 $(2a)^{-1} \pmod p$ 存在.

当 m 为奇合数时, 由算术基本定理和中国剩余定理知 $m = p_1^{s_1} p_2^{s_2} \cdots p_k^{s_k}$, 因 $(a, m) = 1$, 故 $(a, p_i^{s_i}) = 1$, 只需要考虑同余方程:

$$x^2 \equiv a \pmod{p^s}, \quad (a, p) = 1, \quad s > 0$$

由现有研究结果, 有下面的结论.

【定理 4.3.1】 设 p 是奇素数, 则同余方程 $x^2 \equiv a \pmod{p^s}$, $(a, p) = 1$, $s > 0$ 有解的充分必要条件是 a 是模 p 的平方剩余, 且有解时的解数为 2.

也就是说，同余方程 $x^2 \equiv a \pmod{p^s}$，$(a, p) = 1$，$s > 0$ 有解的条件与 $x^2 \equiv a \pmod{p}$，$(a, p) = 1$ 是等同的.

所以，对于二次同余方程，仅需要研究 $x^2 \equiv a \pmod{p}$，$(a, p) = 1$ 的情形.

下面介绍问题(2)涉及的相关知识.

在 4.2 节中，如果把合数当成奇素数，会出现什么问题呢？实际上，在初等数论中，这是在计算雅可比符号.

雅可比符号有很多与勒让得符号相似的性质，感兴趣的读者可参考相关初等数论的书籍.

关于雅可比符号的一个结论是：当雅可比符号为 -1 时，原方程无解；当雅可比符号为 1 时，原方程不一定有解. 下面举例说明.

【**例 4.3.1**】 判断同余方程 $x^2 \equiv 88 \pmod{105}$ 是否有解.

解 $105 = 3 \times 5 \times 7$ 为合数，直接计算雅可比符号，得

$$\left(\frac{88}{105}\right) = \left(\frac{4}{105}\right)\left(\frac{2}{105}\right)\left(\frac{11}{105}\right)$$

$$= (-1)^{\frac{105^2 - 1}{8}} \times (-1)^{\frac{105-1}{2} \times \frac{11-1}{2}}\left(\frac{105}{11}\right)$$

$$= \left(\frac{6}{11}\right) = -1$$

所以，原方程无解.

注 11 仍然比较小，故不需要再分解 $\left(\frac{6}{11}\right) = \left(\frac{2}{11}\right) \times \left(\frac{3}{11}\right)$，只需计算 $1^2 = 1$，$2^2 = 4$，$3^2 = 9$，$4^2 = 16 \equiv 5 \pmod{11}$，$5^2 = 25^2 \equiv 3 \pmod{11}$ 就可以得到结论.

实际上，原方程等价于方程组

$$\begin{cases} x^2 \equiv 88 \pmod{3} \\ x^2 \equiv 88 \pmod{5} \\ x^2 \equiv 88 \pmod{7} \end{cases}$$

而方程组有解的充分必要条件是每个方程都有解，但现在 $\left(\frac{88}{3}\right)\left(\frac{88}{5}\right)\left(\frac{88}{7}\right) = \left(\frac{88}{105}\right) = -1$，说明 $\left(\frac{88}{3}\right)$、$\left(\frac{88}{5}\right)$、$\left(\frac{88}{7}\right)$ 三者中至少有一个为 -1，即方程组中至少有一个方程无解，从而原方程无解.

【例 4.3.2】 判断同余方程 $x^2 \equiv 38 \pmod{385}$ 是否有解.

解 易知 $385 = 7 \times 5 \times 11$ 为合数,直接计算雅可比符号,得

$$\left(\frac{38}{385}\right) = \left(\frac{2}{385}\right)\left(\frac{19}{385}\right) = (-1)^{\frac{385^2-1}{8}} \times (-1)^{\frac{385-1}{2} \times \frac{19-1}{2}}\left(\frac{385}{19}\right)$$

$$= \left(\frac{5}{19}\right) = (-1)^{\frac{5-1}{2} \times \frac{19-1}{2}}\left(\frac{19}{5}\right)$$

$$= \left(\frac{4}{5}\right) = 1$$

由于 $\left(\dfrac{38}{315}\right) = 1$ 并不能肯定原方程是否有解,故还需判断方程组

$$\begin{cases} x^2 \equiv 38 \pmod 5 \\ x^2 \equiv 38 \pmod 7 \\ x^2 \equiv 38 \pmod{11} \end{cases}$$

中的每个方程是否有解. 通过计算可知,勒让得符号 $\left(\dfrac{38}{5}\right) = \left(\dfrac{3}{5}\right) = -1$,因此方程 $x^2 \equiv 38 \pmod 5$ 无解,说明原方程无解.

由上面的例题可知,当雅可比符号为 -1 时,意味着二次同余方程

$$x^2 \equiv a \pmod m, \ (a, m) = 1, \ m = p_1^{s_1} p_2^{s_2} \cdots p_k^{s_k}$$

所对应的等价方程组

$$x^2 \equiv a \pmod{p^s}, \ (a, p) = 1, \ s > 0$$

中,至少有一个二次同余方程无解,因而原方程无解;当雅可比符号为 1 时,原方程对应的等价方程组中可能存在偶数个二次同余方程无解,即勒让得符号为 -1,因而原方程不一定有解.

习 题 4

一、单项选择题

1. 设 p 是奇素数,$(a_1, p) = 1$,$(a_2, p) = 1$,则下列说法中不正确的是( ).

A. 如果 a_1、a_2 都是模 p 的平方剩余,则 $a_1 a_2$ 是模 p 的平方剩余

B. 如果 a_1、a_2 都是模 p 的平方非剩余,则 $a_1 a_2$ 是模 p 的平方剩余

C. 如果 a_1 是模 p 的平方剩余,a_2 是模 p 的平方非剩余,则 $a_1 a_2$ 是模 p 的平方剩余

D. 如果 a_1 是模 p 的平方剩余,a_2 是模 p 的平方非剩余,则 $a_1 a_2$ 是模 p

的平方非剩余

2. 设 p、q 是素数，整数 a、b、p、q 两两互素. 若 a 既是模 p 的平方剩余又是模 q 的平方剩余，b 既不是模 p 的平方剩余又不是模 q 的平方剩余，则下列说法中不正确的是(　　).

A. a 不是模 pq 的平方剩余

B. b 不是模 pq 的平方剩余

C. ab 不是模 p 的平方剩余

D. ab 不是模 q 的平方剩余

3. 设 p、q 是奇素数，$(ab, pq)=1$，对于二次方程 $x^2 \equiv ab \pmod{pq}$ 的解的判断，下列说法中正确的是(　　).

A. 只有 $x^2 \equiv a \pmod{pq}$ 和 $x^2 \equiv b \pmod{pq}$ 同时有解，原方程才有解

B. 只有 $x^2 \equiv ab \pmod{p}$ 和 $x^2 \equiv ab \pmod{q}$ 同时有解，原方程才有解

C. 只要 $x^2 \equiv a \pmod{pq}$ 和 $x^2 \equiv b \pmod{pq}$ 中有一个无解，原方程就无解

D. 只有 $x^2 \equiv ab \pmod{p}$ 和 $x^2 \equiv ab \pmod{q}$ 同时无解，原方程才无解

二、综合题

1. 计算勒让得符号 $\left(\dfrac{151}{373} \right)$.

2. 判断方程 $11x^2 \equiv -3 \pmod{91}$ 是否有解.

3. 判断方程 $x^2 \equiv 111 \pmod{71}$ 是否有解.

4. 判断二次同余方程 $x^2 \equiv 360 \pmod{2011}$ 解的情况.

5. 判断方程 $x^2 \equiv 99 \pmod{323}$ 是否有解.

6. 查阅资料了解和学习二次互反律的证明方法.

第 5 章　原根和离散对数

在密码学中,有很多基于离散对数问题的密码算法和协议,比如 ElGamal 公钥密码算法、Diffie-Hellman 密钥协商算法、数字签名算法(Digital Signature Algorithm,DSA)等. 学习原根的知识有助于理解离散对数问题.

5.1　原根和阶

5.1.1　原根和阶的定义

由欧拉定理知,若 a,$m \in \mathbf{Z}$,$m > 1$,$(a,m) = 1$,则 $a^{\varphi(m)} \equiv 1 (\mathrm{mod}\, m)$. 那么 $\varphi(m)$ 是否是使得 $a^? \equiv 1 (\mathrm{mod}\, m)$ 成立的最小正整数? 由经验易得 $2^3 \equiv 1 (\mathrm{mod}\, 7)$,而 $\varphi(7) = 6$,故 $\varphi(m)$ 不是使得 $a^? \equiv 1 (\mathrm{mod}\, m)$ 成立的最小正整数. 那么这个最小正整数有什么性质呢? 如何求这个最小的正整数呢?

【定义 5.1.1】　设 a,$m \in \mathbf{Z}$,$m > 1$,$(a,m) = 1$,则使得
$$a^e \equiv 1 (\mathrm{mod}\, m)$$
成立的最小正整数 e 称为 a 对模 m 的阶,记作 $\mathrm{ord}_m(a)$.

阶译自英文单词 order,该术语在近世代数部分的群论中用的是 index,故也有人把阶称为指数,注意区别.

与中学知识比较,这里的 e 称为指数容易理解. 在本门课程中,因为是同余式,等式的末尾有一个模运算,所以指数的前面增加了一个定语,称为“a 对模 m 的指数”或者“a 对模 m 的阶”. 同时还应该注意,当 e 称为“a 对模 m 的阶”时,特指当等式 $a^e \equiv 1 (\mathrm{mod}\, m)$ 成立时的那个最小正整数.

比如,$2^1 \equiv 2 (\mathrm{mod}\, 7)$,$2^2 \equiv 4 (\mathrm{mod}\, 7)$,$2^3 \equiv 1 (\mathrm{mod}\, 7)$,可知 $\mathrm{ord}_7(2) = 3$.

又如,$2^1 \equiv 2 (\mathrm{mod}\, 15)$,$2^2 \equiv 4 (\mathrm{mod}\, 15)$,$2^3 \equiv 8 (\mathrm{mod}\, 15)$,$2^4 \equiv 1 (\mathrm{mod}\, 15)$,可知 $\mathrm{ord}_{15}(2) = 4$.

由定义 5.1.1 知,记 $e = \mathrm{ord}_m(a)$,则 $a^e \equiv a^{\mathrm{ord}_m(a)} \equiv 1 (\mathrm{mod}\, m)$.

若 a 的阶 $e = \varphi(m)$,则 a 称为模 m 的原根(Primitive Root). 原根又称本

原元或生成元.

比如, $2^1 \equiv 2 (\bmod 7)$, $2^2 \equiv 4 (\bmod 7)$, $2^3 \equiv 1 (\bmod 7)$, 可知 $\mathrm{ord}_7(2) = 3$. 因为 $\varphi(7) = 6$, 故 2 不是模 7 的原根.

又如, $3^1 \equiv 3 (\bmod 7)$, $3^2 \equiv 2 (\bmod 7)$, $3^3 \equiv 6 (\bmod 7)$, $3^4 \equiv 4 (\bmod 7)$, $3^5 \equiv 5 (\bmod 7)$, $3^6 \equiv 1 (\bmod 7)$, 可知 $\mathrm{ord}_7(3) = 6$. 因为 $\varphi(7) = 6$, 故 3 是模 7 的原根.

需注意的是, 阶指的是 $a^e \equiv 1 (\bmod m)$ 这个等式中满足条件的 "e", 而原根指的是 $a^e \equiv 1 (\bmod m)$ 这个等式中满足条件 $e = \varphi(m)$ 的 a, 也就是底数.

欧拉于 1773 年提出了 "原根" 这个术语. 1801 年, 高斯在《算术探讨》 (*Disquisitiones Arithmeticae*) 中首先引入 $\mathrm{ord}_m(a)$ 这个记号.

下面根据定义求阶和原根.

对于正整数 m, 指定整数 a, $(a, m) = 1$, 若由定义求 a 对模 m 的阶, 则先计算 $a(\bmod m)$, $a^2(\bmod m)$, $\cdots$, $a^{\varphi(m)}(\bmod m)$ 的值. 由阶的定义知, 使得 $a^e \equiv 1 (\bmod m)$ 成立的最小正整数 e 即为 a 对模 m 的阶. 又由欧拉定理可知, $(a, m) = 1$, $a^{\varphi(m)} \equiv 1 (\bmod m)$, 故 a 对模 m 的阶一定存在.

对于求模 m 的原根, 现阶段只有遍历模 m 的最小正简化剩余系中的所有整数 a, 计算 a 对模 m 的阶 e 是否等于 $\varphi(m)$ 来判断 a 是否为模 m 的原根.

【例 5.1.1】　若 $m = 7$, 求模 7 的所有原根.

解　$\varphi(7) = 6$, 与 7 互素的整数为 1, 2, 3, 4, 5, 6. 也就是说, $\{1, 2, 3, 4, 5, 6\}$ 是模 7 的最小正简化剩余系. 计算可得

$1^1 \equiv 1 (\bmod 7)$, 可知 $\mathrm{ord}_7(1) = 1$, 故 1 不是模 7 的原根.

$2^1 \equiv 2 (\bmod 7)$, $2^2 \equiv 4 (\bmod 7)$, $2^3 \equiv 1 (\bmod 7)$, 可知 $\mathrm{ord}_7(2) = 3$, 故 2 不是模 7 的原根.

$3^1 \equiv 3 (\bmod 7)$, $3^2 \equiv 2 (\bmod 7)$, $3^3 \equiv 6 \equiv -1 (\bmod 7)$, $3^4 \equiv 4 (\bmod 7)$, $3^5 \equiv 5 (\bmod 7)$, $3^6 \equiv 1 (\bmod 7)$, 可知 $\mathrm{ord}_7(3) = 6$, 故 3 是模 7 的原根.

$4^1 \equiv 4 (\bmod 7)$, $4^2 \equiv 2 (\bmod 7)$, $4^3 \equiv 1 (\bmod 7)$, 可知 $\mathrm{ord}_7(4) = 3$, 故 4 不是模 7 的原根.

$5^1 \equiv 5 (\bmod 7)$, $5^2 \equiv 4 (\bmod 7)$, $5^3 \equiv 6 \equiv -1 (\bmod 7)$, $5^4 \equiv 2 (\bmod 7)$, $5^5 \equiv 3 (\bmod 7)$, $5^6 \equiv 1 (\bmod 7)$, 可知 $\mathrm{ord}_7(5) = 6$, 故 5 是模 7 的原根.

$6^1 \equiv 6 (\bmod 7)$, $6^2 \equiv 1 (\bmod 7)$, 可知 $\mathrm{ord}_7(6) = 2$, 故 6 不是模 7 的原根.

故对模 7 而言, 1, 2, 3, 4, 5, 6 的阶分别为 1, 3, 6, 3, 6, 2. 由原根的定义知, 3 和 5 是模 7 的原根.

【例 5.1.2】　取 $m = 14 = 2 \times 7$, 求模 14 的所有原根.

解　$\varphi(14)=6$，与 14 互素的整数为 1，3，5，9，11，13. 也就是说，{1，3，5，9，11，13}是模 14 的最小正简化剩余系. 计算可得

$1^1\equiv1(\bmod 14)$，可知$\mathrm{ord}_{14}(1)=1$，故 1 不是模 14 的原根.

$3^1\equiv3(\bmod 14)$，$3^2\equiv9(\bmod 14)$，$3^3\equiv27\equiv-1(\bmod 14)$，$3^4\equiv-3(\bmod 14)$，$3^5\equiv-9(\bmod 14)$，$3^6\equiv1(\bmod 14)$，可知$\mathrm{ord}_{14}(3)=6$，故 3 是模 14 的原根.

$5^1\equiv5(\bmod 14)$，$5^2\equiv11(\bmod 14)$，$5^3\equiv13\equiv-1(\bmod 14)$，$5^4\equiv-5(\bmod 14)$，$5^5\equiv3(\bmod 14)$，$5^6\equiv1(\bmod 14)$，可知$\mathrm{ord}_{14}(5)=6$，故 5 是模 14 的原根.

$9^1\equiv9(\bmod 14)$，$9^2\equiv11(\bmod 14)$，$9^3\equiv1(\bmod 14)$，可知$\mathrm{ord}_{14}(9)=3$，故 9 不是模 14 的原根.

$11^1\equiv11\equiv-3(\bmod 14)$，$11^2\equiv9(\bmod 14)$，$11^3\equiv1(\bmod 14)$，可知$\mathrm{ord}_{14}(11)=3$，故 11 不是模 14 的原根.

$13^1\equiv-1(\bmod 14)$，$13^2\equiv1(\bmod 14)$，可知$\mathrm{ord}_{14}(13)=2$，故 13 不是模 14 的原根.

故对模 14 而言，1，3，5，9，11，13 的阶分别为 1，6，6，3，3，2. 由原根的定义知，3 和 5 是模 14 的原根.

【例 5.1.3】　取 $m=15=3\times5$，求模 15 的所有原根.

解　$\varphi(15)=8$，与 15 互素的整数为 1，2，4，7，8，11，13，14，计算可得

$$1^1\equiv1(\bmod 15)，\quad 2^4\equiv1(\bmod 15)，\quad 4^2\equiv1(\bmod 15)，\quad 7^4\equiv1(\bmod 15)$$

$$8^4\equiv1(\bmod 15)，\quad 11^2\equiv1(\bmod 15)，\quad 13^4\equiv1(\bmod 15)，\quad 14^2\equiv1(\bmod 15)$$

故模 15 没有原根.

5.1.2　原根和阶的性质

由 5.1.1 节的例题可以看到，对于正整数 m，模 m 的原根不一定存在. 下面介绍阶和原根的一些性质，并给出原根存在的条件.

【定理 5.1.1】　设 $a,m\in\mathbf{Z}$，$m>1$，$(a,m)=1$，d 为正整数，则 $a^d\equiv1(\bmod m)$ 的充分必要条件是$\mathrm{ord}_m(a)|d$.

证明　先证充分性，即已知$\mathrm{ord}_m(a)|d$，证明 $a^d\equiv1(\bmod m)$.

设$\mathrm{ord}_m(a)|d$，则存在整数 k，使得 $d=k\cdot\mathrm{ord}_m(a)$，注意到 $a^{\mathrm{ord}_m(a)}\equiv1(\bmod m)$，从而

$$a^d\equiv a^{k\cdot\mathrm{ord}_m(a)}\equiv(a^{\mathrm{ord}_m(a)})^k\equiv1(\bmod m)$$

再证必要性，这里采用反证法.

若 $a^d\equiv1(\bmod m)$ 且$\mathrm{ord}_m(a)\nmid d$，则由欧几里德除法，有

$$d \equiv \mathrm{ord}_m(a) \cdot q + r,\ 0 < r < \mathrm{ord}_m(a)$$

从而

$$a^r \equiv a^r (a^{\mathrm{ord}_m(a)})^q \equiv a^d \equiv 1 (\mathrm{mod}\, m)$$

而 $r < \mathrm{ord}_m(a)$，与 $\mathrm{ord}_m(a)$ 的最小性矛盾. 矛盾来自假设 $\mathrm{ord}_m(a) \nmid d$，所以 $\mathrm{ord}_m(a) \mid d$ 成立，必要性成立.

【推论】 设 $a, m \in \mathbf{Z}, m > 1, (a, m) = 1$，则 $\mathrm{ord}_m(a) \mid \varphi(m)$.

由费马小定理知，若 $a, m \in \mathbf{Z}, m > 1, (a, m) = 1$，则 $a^{\varphi(m)} \equiv 1 (\mathrm{mod}\, m)$. 该推论相当于让定理 5.1.1 中的 $d = \varphi(m)$.

也就是说，$\mathrm{ord}_m(a)$ 必是 $\varphi(m)$ 的因子，故欲求 $\mathrm{ord}_m(a)$，可以从小到大地遍历能整除 $\varphi(m)$ 的那些正整数 x，使得 $a^x (\mathrm{mod}\, m) \equiv 1$ 成立的最小正整数 x 就是 $\mathrm{ord}_m(a)$. 而不是计算 $a(\mathrm{mod}\, m), a^2(\mathrm{mod}\, m), a^3(\mathrm{mod}\, m), \cdots$，直到出现 $a^x(\mathrm{mod}\, m) \equiv 1$.

所以，例 5.1.1 中，3 和 5 是模 7 的原根. $3^3 \equiv 6 \equiv -1 (\mathrm{mod}\, 7)$ 和 $5^3 \equiv 6 \equiv -1(\mathrm{mod}\, 7)$ 并不是偶然的，因为它们是原根，所以阶为 6，它们的 3 次方的结果必然为 -1.

这也说明了为什么用费马小定理判断素性的 Miller-Rabin 是一个概率算法. 假定 m 是奇素数，因为 $\varphi(m) = m - 1$，选择一个底数 a，由定理 5.1.1 的推论知，$\mathrm{ord}_m(a)$ 必然整除 $m - 1$（也就是 $\varphi(m)$），则必会得到 $a^{m-1}(\mathrm{mod}\, m) \equiv 1$.

假定 m 是奇合数，选择一个底数 $a, (a, m) = 1$，因为此时 $\varphi(m)$ 不等于 $m - 1$，所以 $\mathrm{ord}_m(a)$ 可能整除 $m - 1$，也可能不整除 $m - 1$. 也就是说，由欧拉定理知，虽然 $a^{\varphi(m)}(\mathrm{mod}\, m) \equiv 1$，但 $a^{m-1}(\mathrm{mod}\, m) \equiv 1$ 不一定成立. 若 $a^{m-1}(\mathrm{mod}\, m) \equiv 1$，则 $\mathrm{ord}_m(a)$ 就是 $m - 1$ 和 $\varphi(m)$ 的公因子.

综上所述，若 $a^{m-1}(\mathrm{mod}\, m) \not\equiv 1$，则 m 必是合数，若 $a^{m-1}(\mathrm{mod}\, m) \equiv 1$，则 m 可能是合数，也可能是素数.

【例 5.1.4】 求 $\mathrm{ord}_{17}(5)$ 的值.

解 因为 $\varphi(17) = 16$，故由定理 5.1.1 的推论知 $\mathrm{ord}_{17}(5) \mid \varphi(17)$，因此，需计算 $5^d(\mathrm{mod}\, 17)$，其中 $\varphi(17)$ 的因子有 $d = 1, 2, 4, 8$.

$5^1 \equiv 5(\mathrm{mod}\, 17), 5^2 \equiv 8(\mathrm{mod}\, 17), 5^4 \equiv 13 \equiv -4(\mathrm{mod}\, 17), 5^8 \equiv 16 \equiv -1(\mathrm{mod}\, 17)$

所以，$\mathrm{ord}_{17}(5) = 16$. 由原根的定义知，5 是模 17 的原根.

实际上，计算 $\{5^k(\mathrm{mod}\, 17), k = 1, 2, 3, \cdots, 16\}$（见表 5.1.1）可知 5 模 17 的阶为 16.

表 5.1.1 计算 $5^k \pmod{17}$

k	1	2	3	4	5	6	7	8	9	10	11	12	13	14	15	16
$5^k \pmod{17}$	5	8	6	13	14	2	10	16	-5	-8	-6	-13	-14	-2	-10	-16

【例 5.1.5】 求 $\mathrm{ord}_{33}(5)$ 的值.

解 因为 $\varphi(33)=20$,故由定理 5.1.1 的推论知 $\mathrm{ord}_{33}(5)\mid\varphi(33)$,因此,需计算 $5^d \pmod{33}$,其中 $\varphi(33)$ 的因子有 $d=1,2,4,5,10$.

$$5^1\equiv 5\pmod{33},\ 5^2\equiv 25\pmod{33},\ 5^4\equiv 25^2\equiv(-8)^2\equiv -2\pmod{33}$$
$$5^5\equiv 23\pmod{33},\ 5^{10}\equiv 1\pmod{33}$$

所以 $\mathrm{ord}_{33}(5)=10$.

【性质 5.1.1】 设 $a,b,m\in\mathbf{Z}$,$(a,m)=1$.

(1) 若 $b\equiv a\pmod m$,则 $\mathrm{ord}_m(b)=\mathrm{ord}_m(a)$;

(2) $\mathrm{ord}_m(a^{-1})=\mathrm{ord}_m(a)$.

证明 (1) 已知 $b\equiv a\pmod m$,则有

$$b^{\mathrm{ord}_m(a)}\equiv a^{\mathrm{ord}_m(a)}\equiv 1\pmod m$$

所以 $\mathrm{ord}_m(b)\mid\mathrm{ord}_m(a)$.

同理,$a^{\mathrm{ord}_m(b)}\equiv b^{\mathrm{ord}_m(b)}\equiv 1\pmod m$,所以 $\mathrm{ord}_m(a)\mid\mathrm{ord}_m(b)$.

因此

$$\mathrm{ord}_m(b)=\mathrm{ord}_m(a)$$

简言之,若 $b\equiv a\pmod m$,则 a 和 b 在模 m 的同一个剩余类中,它们具有相同的作用和性质.

(2) 由 $(a^{-1})^{\mathrm{ord}_m(a)}\equiv(a^{\mathrm{ord}_m(a)})^{-1}\equiv 1\pmod m$ 知

$$\mathrm{ord}_m(a^{-1})\mid\mathrm{ord}_m(a)$$

由 $aa^{-1}\equiv 1\pmod m$ 知

$$(aa^{-1})^{\mathrm{ord}_m(a^{-1})}\equiv 1\pmod m$$

即

$$(a)^{\mathrm{ord}_m(a^{-1})}(a^{-1})^{\mathrm{ord}_m(a^{-1})}\equiv 1\pmod m$$

从而 $(a)^{\mathrm{ord}_m(a^{-1})}\equiv 1\pmod m$,由定理 5.1.1 知

$$\mathrm{ord}_m(a)\mid\mathrm{ord}_m(a^{-1})$$

故

$$\mathrm{ord}_m(a^{-1})=\mathrm{ord}_m(a)$$

【例 5.1.6】 已知整数 5 对模 17 的阶为 $\mathrm{ord}_{17}(5)=16$. 因为 $5^{-1}\equiv 7(\mathrm{mod}\, 17)$，则由性质 5.1.1 知，整数 7 模 17 的阶为 16.

【定理 5.1.2】 设 $m>1$，$(a,m)=1$，则
$$1=a^0,\ a,\ a^2,\ \cdots,\ a^{\mathrm{ord}_m(a)-1}$$
模 m 两两不同余. 特别地，若 a 是模 m 的原根，则上述 $\varphi(m)$ 个数构成模 m 的简化剩余系.

证明 采用反证法. 若存在整数 k、$l(0\leqslant l<k<\mathrm{ord}_m(a))$，使得
$$a^k\equiv a^l(\mathrm{mod}\, m)$$
则由 $(a,m)=1$ 知
$$a^{k-l}\equiv 1(\mathrm{mod}\, m)$$
但 $0<k-l<\mathrm{ord}_m(a)$，与 $\mathrm{ord}_m(a)$ 的最小性矛盾，故 $a^0,\ a,\ a^2,\ \cdots,\ a^{\mathrm{ord}_m(a)-1}$ 模 m 两两不同余.

再设 a 是模 m 的原根，即 $\mathrm{ord}_m(a)=\varphi(m)$，则
$$1=a^0,\ a,\ a^2,\ \cdots,\ a^{\mathrm{ord}_m(a)-1}$$
模 m 两两不同余. 故上述 $\varphi(m)$ 个数构成模 m 的简化剩余系.

【例 5.1.7】 设模数 $m=17$，整数 $a=5$，验证定理 5.1.2 的结论.
解 计算 $\{5^k(\mathrm{mod}\, 17)\,|\,k=0,1,2,\cdots,15\}$，见表 5.1.2.

表 5.1.2　计算 $5^k(\mathrm{mod}\, 17)$

k	1	2	3	4	5	6	7	8	9	10	11	12	13	14	15	16
$5^k(\mathrm{mod}\, 17)$	5	8	6	13	14	2	10	16	12	9	11	4	3	15	7	1

由表 5.1.2 可知，集合 $\{5^k(\mathrm{mod}\, 17)\,|\,k=0,1,2,\cdots,15\}$ 是 $\{1,2,3,\cdots,16\}$ 的一个重新排列，故 $\{5^k(\mathrm{mod}\, 17)\,|\,k=0,1,2,\cdots,15\}$ 组成模 17 的一个简化剩余系.

【例 5.1.8】 设模数 $m=18$，整数 $a=5$，验证定理 5.1.2 的结论.
解 因为 $\varphi(18)=6$，计算 $\{5^k(\mathrm{mod}\, 18)\,|\,k=0,1,2,\cdots,5\}$，见表 5.1.3.

表 5.1.3　计算 $5^k(\mathrm{mod}\, 18)$

k	0	1	2	3	4	5
$5^k(\mathrm{mod}\, 18)$	1	5	7	17	13	11

由表 5.1.3 可知，$\{5^k\,|\,k=0,1,2,\cdots,5\}$ 模 18 两两不同余，且都与 18 互素，从而 $\{5^k(\mathrm{mod}\, 18),k=0,1,2,\cdots,5\}$ 组成模 18 的一个简化剩余系.

【定理 5.1.3】　设 a，$m \in \mathbf{Z}$，$m > 1$，$(a, m) = 1$，则
$$a^d \equiv a^k (\bmod m) \Leftrightarrow d \equiv k (\bmod \operatorname{ord}_m(a))$$

证明　先证必要性，即
$$a^d \equiv a^k (\bmod m) \Rightarrow d \equiv k (\bmod \operatorname{ord}_m(a))$$

不妨设 $d > k$，由 $a^d \equiv a^k (\bmod m)$ 可得 $a^{d-k} \equiv 1 (\bmod m)$，即 $\operatorname{ord}_m(a) \mid d - k$，故 $d \equiv k (\bmod \operatorname{ord}_m(a))$.

再证充分性. 若 $d \equiv k (\bmod \operatorname{ord}_m(a))$，则 $d = k + t \operatorname{ord}_m(a)$，注意到 $a^{\operatorname{ord}_m(a)} \equiv 1 (\bmod m)$，故
$$a^d \equiv a^k (a^{\operatorname{ord}_m(a)})^t \equiv a^k (\bmod m)$$

这里给出的是 $a^d \equiv a^k (\bmod m)$ 成立的充分必要条件，而在 2.5 节中给出的是 $a^d \equiv a^k (\bmod m)$ 成立的充分非必要条件即 $d \equiv k (\bmod \varphi(m))$.

【推论】　$a^n \equiv a^{n(\bmod \operatorname{ord}_m(a))} (\bmod m)$.

【例 5.1.9】　因为 $\operatorname{ord}_7(2) = 3$，所以
$$2^{2002} \equiv 2^{2002(\bmod 3)} \equiv 2^1 \equiv 2 (\bmod 7)$$

【定理 5.1.4】　设整数 $m > 1$，$(a, m) = 1$，整数 $d \geqslant 0$，则
$$\operatorname{ord}_m(a^d) = \frac{\operatorname{ord}_m(a)}{(\operatorname{ord}_m(a), d)}$$

证明　由阶的定义知，求 $\operatorname{ord}_m(a^d)$ 也即求使得 $(a^d)^x \equiv 1 (\bmod m)$ 成立的最小正整数 x.

由定理 5.1.1 知，$\operatorname{ord}_m(a) \mid dx$，故 $dx \equiv 0 (\bmod \operatorname{ord}_m(a))$.

该同余方程的全部解为
$$x \equiv t \frac{\operatorname{ord}_m(a)}{(\operatorname{ord}_m(a), d)} (\bmod \operatorname{ord}_m(a)), \quad t = 1, \cdots, (\operatorname{ord}_m(a), d)$$

故最小的正整数解为 $\dfrac{\operatorname{ord}_m(a)}{(\operatorname{ord}_m(a), d)}$，得证.

【例 5.1.10】　已知 $\operatorname{ord}_{17}(5) = 16$，$5^2 \equiv 8 (\bmod 17)$，$5^3 \equiv 6 (\bmod 17)$，求 $\operatorname{ord}_{17}(8)$、$\operatorname{ord}_{17}(6)$.

解　直接代入公式，可得
$$\operatorname{ord}_{17}(8) = \operatorname{ord}_{17}(5^2) = \frac{\operatorname{ord}_{17}(5)}{(\operatorname{ord}_{17}(5), 2)} = \frac{16}{(16, 2)} = 8$$
$$\operatorname{ord}_{17}(6) = \operatorname{ord}_{17}(5^3) = \frac{\operatorname{ord}_{17}(5)}{(\operatorname{ord}_{17}(5), 3)} = \frac{16}{(16, 3)} = 16$$

代入公式进行计算不太直观. 实际上, 求 $\mathrm{ord}_{17}(5^2)$ 就是求使得 $(5^2)^x \equiv 1(\bmod 17)$ 成立的最小正整数 x. 由 $\mathrm{ord}_{17}(5)=16$ 可知, $5^{16} \equiv 1(\bmod 17)$ 且 16 是满足该等式成立的最小正整数. 因此, 使得 $(5^2)^x \equiv 1(\bmod 17)$ 成立的最小正整数 x 应该满足 $16|2x$, 故 $x=8$.

同理, 求 $\mathrm{ord}_{17}(5^3)$ 就是求使得 $(5^3)^x \equiv 1(\bmod 17)$ 成立的最小正整数 x. 因此, 使得 $(5^3)^x \equiv 1(\bmod 17)$ 成立的最小正整数 x 应该满足 $16|3x$, 故 $x=16$.

【例 5.1.11】 已知 $\mathrm{ord}_{41}(6)=40$, 求 $\mathrm{ord}_{41}(6^6)$、$\mathrm{ord}_{41}(6^{16})$.

解　直接代入公式, 可得

$$\mathrm{ord}_{41}(6^6) = \frac{\mathrm{ord}_{41}(6)}{(\mathrm{ord}_{41}(6),6)} = \frac{40}{(40,6)} = 20$$

$$\mathrm{ord}_{41}(6^{16}) = \frac{\mathrm{ord}_{41}(6)}{(\mathrm{ord}_{41}(6),16)} = \frac{40}{(40,16)} = 5$$

事实上, 由 $\mathrm{ord}_{41}(6)=40$ 可知, $6^{40} \equiv 1(\bmod 41)$ 且 40 是满足该等式成立的最小正整数. 由于使得 $(6^6)^x \equiv 1(\bmod 41)$ 成立的最小正整数 x 应该满足 $40|6x$, 而 $(40,6)=2$, 故 $x = \frac{40}{2} = 20$. 由于使得 $(6^{16})^x \equiv 1(\bmod 41)$ 成立的最小正整数 x 应该满足 $40|16x$, 而 $(40,16)=8$, 故 $x = \frac{40}{8} = 5$. 其实就是代入公式计算.

【推论】　设 $m > 1$, g 是模 m 的原根, 整数 $d \geqslant 1$, 则 g^d 是模 m 的原根的充要条件是 $(d, \varphi(m)) = 1$.

证明　先证充分性. 已知 g 是模 m 的原根, 故 $\mathrm{ord}_m(g) = \varphi(m)$. 又已知 $(d, \varphi(m)) = 1$, 由定理 5.1.4 知

$$\mathrm{ord}_m(g^d) = \frac{\mathrm{ord}_m(g)}{(\mathrm{ord}_m(g),d)} = \frac{\varphi(m)}{(\varphi(m),d)} = \varphi(m)$$

故 g^d 是模 m 的原根, 充分性成立.

再证必要性. 因为 g^d 是模 m 的原根, 故 $\mathrm{ord}_m(g^d) = \varphi(m)$. 又已知 g 是模 m 的原根, 故 $\mathrm{ord}_m(g) = \varphi(m)$, 由定理 5.1.4 知

$$\mathrm{ord}_m(g^d) = \frac{\mathrm{ord}_m(g)}{(\mathrm{ord}_m(g),d)} = \frac{\varphi(m)}{(\varphi(m),d)} = \varphi(m)$$

若要使上式成立, 只有 $(d, \varphi(m)) = 1$, 必要性成立.

由推论可知, 在知道模 m 的一个原根时, 可由这个原根快速得到所有原根.

【例 5.1.12】 若已知 $\mathrm{ord}_{17}(5)=16$，求模 17 的所有原根.

分析 由 $\mathrm{ord}_{17}(5)=16$ 可知 5 是模 17 的原根，由原根 5 就可以求出 17 的所有原根.

解 因为 $\varphi(17)=16$，5 是模 17 的原根，小于 16 且与 16 互素的正整数有 1，3，5，7，9，11，13，15，故模 17 的所有原根为 5^1，5^3，5^5，5^7，5^9，5^{11}，5^{13}，5^{15}，即

$$5^1\equiv5(\mathrm{mod}\,17),\quad 5^3\equiv6(\mathrm{mod}\,17),\quad 5^5\equiv14(\mathrm{mod}\,17)$$
$$5^7\equiv10(\mathrm{mod}\,17),\quad 5^9\equiv12(\mathrm{mod}\,17),\quad 5^{11}\equiv11(\mathrm{mod}\,17)$$
$$5^{13}\equiv3(\mathrm{mod}\,17),\quad 5^{15}\equiv7(\mathrm{mod}\,17)$$

【定理 5.1.5】 设 $m>1$，若 m 有原根，则其原根个数为 $\varphi(\varphi(m))$.

证明 设 m 的一个原根为 g. 由定理 5.1.4 的推论知，若 $(d,\varphi(m))=1$，则 g^d 是模 m 的原根. 由欧拉函数的定义知，小于 $\varphi(m)$ 且与 $\varphi(m)$ 互素的正整数的个数为 $\varphi(\varphi(m))$，故得证.

【例 5.1.13】 求模 25 的所有原根.

解 因为 $\varphi(25)=20$，$\varphi(\varphi(25))=\varphi(20)=8$，故 25 若有原根，则其必有 8 个原根. 然后寻找模 25 的一个原根.

先判断 2 是否为模 25 的原根. $(2,25)=1$，$\mathrm{ord}_{25}(2)\mid\varphi(25)=20$，20 的因子包括 1，2，4，5，10，20，通过计算可得

$$2^1\equiv2(\mathrm{mod}\,25),\ 2^2\equiv4(\mathrm{mod}\,25),\ 2^4\equiv16(\mathrm{mod}\,25)$$
$$2^5\equiv7(\mathrm{mod}\,25),\ 2^{10}\equiv24\equiv-1(\mathrm{mod}\,25),\ 2^{20}\equiv1(\mathrm{mod}\,25)$$

所以 2 是模 25 的一个原根.

因为模 20 的简化剩余系为 $\{1,3,7,9,11,13,17,19\}$，故模 25 的所有原根为

$$2^1\equiv2(\mathrm{mod}\,25),\ 2^3\equiv8(\mathrm{mod}\,25)$$
$$2^7\equiv3(\mathrm{mod}\,25),\ 2^9\equiv12(\mathrm{mod}\,25)$$
$$2^{11}\equiv23(\mathrm{mod}\,25),\ 2^{13}\equiv17(\mathrm{mod}\,25)$$
$$2^{17}\equiv22(\mathrm{mod}\,25),\ 2^{19}\equiv13(\mathrm{mod}\,25)$$

即模 25 的原根为 2，3，8，12，13，17，22，23.

【例 5.1.14】 求 4 模 25 的阶，并求与 4 模 25 的阶相同的整数 $a(0<a<25)$.

解 $(4,25)=1$，$\mathrm{ord}_{25}(4)\mid\varphi(25)=20$，20 的因子包括 1，2，4，5，10，20. 通过计算可得

$$4^1\equiv4(\mathrm{mod}\,25),\ 4^2\equiv16(\mathrm{mod}\,25),\ 4^4=256\equiv6(\mathrm{mod}\,25)$$

$$4^5 = 4 \times 4^4 \equiv 4 \times 6 \equiv -1 (\mod 25), \quad 4^{10} \equiv 1 (\mod 25)$$

故 $\mathrm{ord}_{25}(4) = 10$.

设 $a = 4^x$，则 $\mathrm{ord}_{25}(4^x) = \dfrac{\mathrm{ord}_{25}(4)}{(\mathrm{ord}_{25}(4), x)}$. 求与 4 模 25 的阶相同的整数，

则 $\mathrm{ord}_{25}(4^x) = \mathrm{ord}_{25}(4)$，即 $\dfrac{\mathrm{ord}_{25}(4)}{(\mathrm{ord}_{25}(4), x)} = 10$，$(\mathrm{ord}_{25}(4), x) = 1$. 与 10 互素

的整数 $(1 < x < 10)$ 有 1，3，7，9，则

$$4^1 \equiv 4 (\mod 25), \quad 4^3 \equiv 14 (\mod 25)$$
$$4^7 \equiv 9 (\mod 25), \quad 4^9 \equiv 19 (\mod 25)$$

即所求的整数有 4，9，14，19.

下面列出原根存在的充分必要条件.

【定理 5.1.6】　模 m 的原根存在的充分必要条件是 $m = 2$，4，p^α，$2p^\alpha$，其中 $\alpha \geqslant 1$，p 为奇素数.

由前面的例题可以看出，7，14，17，25 满足上面的形式，也都存在原根，而 15 不满足上面的形式，没有原根.

5.1.3　素数的原根

由定理 5.1.6 知，素数的原根存在. 下面介绍一种求素数 p 的原根的方法.

【定理 5.1.7】　设 p 为素数，g 为正整数，$\mathrm{ord}_p(g) = d$，$d < p - 1$，则 $g^t (t = 1, 2, \cdots, d)$ 都不是模 p 的原根.

证明　由定理 5.1.4 知，g^t 对模 p 的阶为 $\dfrac{d}{(d, t)}$，$\dfrac{d}{(d, t)} \leqslant d < p - 1$，所以 $g^t (t = 1, 2, \cdots, d)$ 都不是模 p 的原根.

例如，在例 5.1.4 中，$5^4 \equiv 13 (\mod 17)$，故 13 不是模 17 的原根. 又因 $\mathrm{ord}_{17}(13) = 4$，故 13^1，13^2，13^3，13^4 都不是模 17 的原根. 事实上，$\mathrm{ord}_{17}(13^2) = 2$，$\mathrm{ord}_{17}(13^3) = 4$，$\mathrm{ord}_{17}(13^4) = 1$，都不等于 $\varphi(17) = 16$.

【定理 5.1.8】　设 p 是素数，$\varphi(p)$ 的所有不同素因数为 $q_1, \cdots, q_k$，则 g 是模 p 的一个原根的充要条件是

$$g^{\varphi(p)/q_i} \not\equiv 1 (\mod p), \quad i = 1, 2, \cdots, k$$

证明　先证必要性. 已知 g 是模 p 的一个原根，则 g 模 p 的阶是 $\varphi(p)$. 因

$$0 < \frac{\varphi(p)}{q_i} < \varphi(p), \quad i = 1, 2, \cdots, k$$

故 $g^{\varphi(p)/q_i} \not\equiv 1 (\bmod p)$.

再证充分性. 利用反证法, 设 $g^{\varphi(p)/q_i} \not\equiv 1 (\bmod p)$, 且 g 不是模 p 的一个原根. 若 g 模 p 的阶 $e < \varphi(p)$, 则有 $e \mid \varphi(p)$, 因此存在整数 q, 使得 $eq = \varphi(p)$, 即

$$g^{\varphi(p)/q} \equiv g^e \equiv 1 (\bmod p)$$

与题设 $g^{\varphi(p)/q_i} \not\equiv 1 (\bmod p)$ 矛盾. 故 g 模 p 的阶为 $\varphi(p)$, 因而 g 是 p 的一个原根.

该结论对于有原根的合数同样适用.

根据定理 5.1.7 和定理 5.1.8, 给出一种求素数 p 的原根的思路. 要求模 p 的原根, 由定理 5.1.8 知, 先判断 $g=2$ 是否为模 p 的原根. 若 2 不为模 p 的原根, 由定理 5.1.7 知, 设 2 模 p 的阶为 d, 则 $2^t (t=1, 2, \cdots, d)$ 都不是模 p 的原根. 然后在 $1, 2, \cdots, p-1$ 中删除 $2^t (t=1, 2, \cdots, d)$, 在剩下的数中选择最小的整数, 重复上述方法进行求解.

【例 5.1.15】 求 $p=17$ 的一个原根.

解 先求 $g=2$ 模 17 的阶. 由于 $\varphi(17)=16, 16=2^4$ 的素因数只有 $q=2$, 则

$$\frac{\varphi(p)}{q} = 8$$

故由定理 5.1.8 知, 只需计算 2^8 模 17 是否余 1.

因为 $2^8 (\bmod 17) \equiv 1$, 所以 2 模 17 的阶为 8, 即 2 不是模 17 的原根. 由定理 5.1.7 知, $2^1 (\bmod 17) = 2, 2^2 (\bmod 17) \equiv 4, 2^3 (\bmod 17) \equiv 8, 2^4 (\bmod 17) \equiv 16, 2^5 (\bmod 17) \equiv 15, 2^6 (\bmod 17) \equiv 13, 2^7 (\bmod 17) \equiv 9$ 都不是模 17 的原根.

故在 $1, 2, \cdots, 16$ 个数中还剩下 3, 5, 6, 7, 10, 11, 12, 14. 接下来先求 $g=3$ 模 17 的阶. 计算得 $3^1 (\bmod 17) \equiv 3, 3^2 (\bmod 17) \equiv 9, 3^4 (\bmod 17) \equiv 13, 3^8 (\bmod 17) \equiv 16, 3^{16} (\bmod 17) \equiv 1$, 所以 3 模 17 的阶为 16, 即 3 是模 17 的原根.

从求解过程可以看到, 这种方法适合于较小的素数. 如果素数 p 很大, 该方法并不合适. 素数 p 的原根数量为 $\varphi(p-1)$ 个, 数量其实不少. 从直觉上讲, 如果能找到最小的那个原根, 就能很快地得到其他原根. 实际上, 素数 p 的最小正原根 $g(p)$ 是一个数论问题. 1959 年, 王元院士证明了 $g(p) = O(p^{1/4+\varepsilon})$, 其中 $\varepsilon > 0$. 感兴趣的读者可以阅读王元院士发表在《数学学报》上的论文《论素数的最小正原根》. 由此可见, 最小的原根也可能是一个不小的数值, 若采用本节介绍的方法, 并不是很容易就能找到.

5.2　离 散 对 数

设 g 是模 m 的一个原根，则由定理 5.1.2 知 $\varphi(m)$ 个数 g，g^2，$\cdots$，$g^{\varphi(m)}$ 是 m 的一个简化剩余系. 因此，若 a 是一个与 m 互素的整数，则存在唯一的一个整数 r，$1 \leqslant r \leqslant \varphi(m)$，使得 $g^r \equiv a \pmod{m}$. 由此引出下面的定义.

【定义 5.2.1】　设 m 是正整数，g 是模 m 的一个原根. 若对给定的整数 a，$(a，m)=1$，存在整数 r，使得
$$g^r \equiv a \pmod{m}$$
成立，则称 r 为以 g 为底的 a 对模 m 的一个指标，记作 $r=\mathrm{ind}_g a$ 或 $\mathrm{ind}\,a$. 指标也称为对数或离散对数.

指标译自英文单词 index，也有的书将其译为指数，注意与前面的阶（order）相区别. 本书将指标称为离散对数，因为离散对数这个名称更加形象. 大家都知道，对于 $g^r \equiv a \pmod{m}$，已知 g、a，求 r 是一个对数问题. 在这里是进行模运算，式中参数 g、a 和 m 都是整数，所以是离散的. 将"对数"和"离散"两个特征综合起来，即为离散对数.

【例 5.2.1】　已知 5 是模 17 的原根，求以 5 为底 10 对模 17 的离散对数.
分析　求以 5 为底 10 对模 17 的离散对数，就是求使得 $5^r \equiv 10 \pmod{17}$ 成立的 r.
解　先构造以 5 为底的阶函数表，见表 5.2.1. 其中，r 为阶，$a \equiv 5^r \pmod{17}$. 该表以阶 r 递增排序.

表 5.2.1　计算 $a \equiv 5^r \pmod{17}$

r	1	2	3	4	5	6	7	8	9	10	11	12	13	14	15	16
$a \equiv 5^r \pmod{17}$	5	8	6	13	14	2	10	16	12	9	11	4	3	15	7	1

再由表 5.2.1 构造离散对数表，见表 5.2.2. 该表以 a 递增排序.

表 5.2.2　离 散 对 数 表

a	1	2	3	4	5	6	7	8	9	10	11	12	13	14	15	16
$r=\mathrm{ind}_5 a$	16	6	13	12	1	3	15	2	10	7	11	9	4	5	14	8

由表 5.2.2 可得，10 对模 17 的离散对数为 7.

在例 5.2.1 的求解过程中可以发现，根据我们现有的知识，即使是素数 $p=17$ 这么小的数，知道了其原根 $g=5$，求给定的整数 $a=10$ 的离散对数似乎除了穷举搜索，也没有其他更加便捷的办法了．

有了上面的表格，求逆元会变得更简单．例如，如果求 $11^{-1}(\bmod 17)$，常规的方法是利用欧几里德算法求解．实际上，$11^{-1}\equiv(5^{11})^{-1}\equiv5^{-11}\equiv1\times5^{-11}\equiv5^{16}\times5^{-11}\equiv5^5\equiv14(\bmod 17)$．由 $11\times14=154\equiv1(\bmod 17)$ 知，结果正确．

又如，$13^{-1}\equiv(5^4)^{-1}\equiv5^{-4}\equiv1\times5^{-4}\equiv5^{16}\times5^{-4}\equiv5^{12}\equiv4(\bmod 17)$．由 $13\times4=52\equiv1(\bmod 17)$ 知，结果正确．

【例 5.2.2】　已知 6 是模 41 的原根．求以 6 为底 30 对模 41 的离散对数．

分析　求以 6 为底 30 对模 41 的离散对数，就是求使得 $6^r\equiv28(\bmod 41)$ 成立的 r．

解　先构造以 6 为底的阶函数表，见表 5.2.3．其中，r 为阶，$a\equiv6^r(\bmod 41)$．该表以阶 r 递增排序．

表 5.2.3　计算 $a\equiv6^r(\bmod 41)$

r	1	2	3	4	5	6	7	8	9	10	11	12	13	14	15	16	17	18	19	20
$a\equiv6^r(\bmod 41)$	6	36	11	25	27	39	29	10	19	32	28	4	24	21	3	18	26	33	34	40
r	21	22	23	24	25	26	27	28	29	30	31	32	33	34	35	36	37	38	39	40
$a\equiv6^r(\bmod 41)$	35	5	30	16	14	2	12	31	22	7	13	37	17	20	38	23	15	8	7	1

再由表 5.2.3 构造离散对数表，见表 5.2.4．该表以 a 递增排序．

表 5.2.4　离散对数表

a	1	2	3	4	5	6	7	8	9	10	11	12	13	14	15	16	17	18	19	20
$r=\mathrm{ind}_6 a$	40	26	15	12	22	1	39	38	30	8	3	27	31	25	37	24	33	16	9	34
a	21	22	23	24	25	26	27	28	29	30	31	32	33	34	35	36	37	38	39	40
$r=\mathrm{ind}_6 a$	14	29	36	13	4	17	5	11	7	23	28	10	18	19	21	2	32	35	6	20

由表 5.2.4 可得，30 对模 41 的离散对数为 23．

读者可以思考一下，如何根据表 5.2.3 和表 5.2.4 求 $30^{-1}(\bmod 41)$．

【定理 5.2.1】　设 $m>1$，g 是模 m 的一个原根，$(a,m)=1$，若整数 r 使得 $g^r\equiv a(\bmod m)$ 成立，则 r 满足

$$r\equiv\mathrm{ind}_g a(\bmod\varphi(m))$$

说明　$r\equiv\mathrm{ind}_g a(\bmod\varphi(m))$，其意义是 $r\equiv(\mathrm{ind}_g a)(\bmod\varphi(m))$.

证明　因为 $(a,m)=1$，故

$$g^r\equiv a\equiv g^{\mathrm{ind}_g a}(\bmod m)$$

从而

$$g^{r-\mathrm{ind}_g a}\equiv 1(\bmod m)$$

因为 g 是模 m 的一个原根，故 g 模 m 的阶为 $\mathrm{ord}_m(g)=\varphi(m)$. 由定理 5.1.1 知

$$\varphi(m)\mid r-\mathrm{ind}_g a$$

故

$$r\equiv\mathrm{ind}_g a(\bmod\varphi(m))$$

在密码学中，通常取 m 为大素数 p. 为保证安全，现在 p 的取值应不小于 1024 比特. 设 g 是模 p 的一个原根，已知 $y\equiv g^x(\bmod p)$，求 x 是困难的. 这被称为离散对数难题(Discrete Logarithm Problem，DLP). 求离散对数是困难问题，到目前为止，最好的求解离散对数算法的时间复杂度是亚指数级的.

5.3　离散对数在密码学中的应用

离散对数问题在密码学中的应用，主要包括 ElGamal 密码算法、Diffie-Hellman 密钥协商算法、数字签名标准(DSS)等. 本节介绍 ElGamal 密码算法以及 DSS 的相关知识.

5.3.1　ElGamal 密码算法

ElGamal 密码算法是一个非对称加密算法，由 ElGamal 在 1985 年提出. 该算法既可用于加密，也可用于签名，其安全性依赖于有限域上计算离散对数的难度. ElGamal 数字签名算法的一个变体就是数字签名标准(DSS). 下面给出 ElGamal 算法的描述.

(1) 构造全局变量.

选择一个素数 p，以及模 p 的一个原根 g，随机选取正整数 x，g 和 x 都

小于 p，然后计算 $y \equiv g^x \pmod{p}$.

公开密钥是$\{y, g, p\}$，其中 g 和 p 可以为一组用户共享，私有密钥是$\{x, g, p\}$.

(2) 加密算法.

将明文信息 M 表示成$\{0, 1, \cdots, p-1\}$范围内的数，然后秘密选择随机数 k，计算：
$$C_1 \equiv g^k \pmod{p}, \quad C_2 \equiv My^k \pmod{p}$$
密文为(C_1, C_2).

(3) 解密算法.

计算 $M \equiv C_1^{-x} C_2 \pmod{p}$.

由公钥密码算法的要求可知，密码分析者在知道用户公钥的情况下，计算对应的私钥是困难的. 在这里，通过选择足够大的素数 p，以及某个原根 g，密码分析者知道$\{y, g, p\}$，也知道参数之间的关系是 $y \equiv g^x \pmod{p}$，由于离散对数问题求解的困难性，要计算 x 是困难的. 密码分析者知道$\{C_1, g, p\}$，也知道 $C_1 \equiv g^k \pmod{p}$，要计算 k 也是困难的. 这样，密码分析者在知道密文(C_1, C_2)时，不能解密得到消息 M.

【例 5.3.1】　用户 A 选取 $p = 41$，因 6 是模 41 的一个生成元，故取 $g = 6$，又取私钥 $x = 4$，计算 $y \equiv g^x \pmod{p} \equiv 25$. 公布$(p, g, y) = (41, 6, 25)$，保密 $x = 4$.

若用户 B 欲向 A 发送秘密信息 $m = 13$，可先取得 A 的公钥$(p, g, y) = (41, 6, 25)$，然后选取随机整数 $k = 19$，计算
$$C_1 \equiv g^k \pmod{p} = 6^{19} \pmod{41} \equiv 34$$
$$C_2 \equiv My^k \pmod{p} = 13 \times 25^{19} \pmod{41} \equiv 13 \times 23 \equiv 12$$
B 发送$(C_1, C_2) = (34, 12)$给 A.

A 在接收到 B 发送给自己的信息$(C_1, C_2) = (34, 12)$后，计算
$$C_1^{-x} C_2 \pmod{p} = 34^{-4} \times 12 \pmod{41} \equiv 25 \times 12 \pmod{41} \equiv 13$$
从这里可以看到，当 p 取值很大的时候，加密和解密的主要运算还是模幂运算.

5.3.2　数字签名标准

1991 年 8 月，NIST 颁发了一个通告，提出将数字签名算法(DSA)用于数

字签名标准(DSS)中. 1994 年，在考虑了公众的建议后，NIST 最终颁布了该标准.

数字签名算法(DSA)的安全性是基于求解离散对数困难性基础之上的，它是 Schnorr 和 ElGamal 签名算法的变体.

算法的参数选取、签名及验证过程描述如下：

1. 算法的参数选取

(1) p 是 L 比特长的素数，L 的长度为 512~1024 且是 64 的倍数.

(2) q 是 160 比特长且为 $p-1$ 的素因子. $g \equiv h^{\frac{p-1}{q}} (\bmod p)$，其中 h、g 是整数，$1 < h < p-1$，且要求 g 大于 1.

(3) x 是签名者的私钥，是由签名者选取的随机数，要求是小于 q 的正整数；$y \equiv g^x (\bmod p)$ 为签名者的公钥.

签名者公开 (p, q, g, y) 及安全散列算法，保密 x.

2. 签名过程

对于消息 m，签名者选取随机数 k，k 是小于 q 的正整数，然后计算 $r \equiv [g^k (\bmod p)] (\bmod q)$，$s \equiv k^{-1} [H(m) + xr] (\bmod q)$.

(r, s) 就是对消息 m 的签名.

3. 验证过程

接收方收到消息 m 和其签名 (r, s) 后，计算
$$w \equiv s^{-1} (\bmod q), \quad u_1 \equiv H(m) w (\bmod q)$$
$$u_2 \equiv rw (\bmod q), \quad v \equiv [g^{u_1} y^{u_2} (\bmod p)] (\bmod q)$$
如果 $v = r$，则签名有效.
$$v \equiv [(g^{H(m)w} g^{xrw}) (\bmod p)] (\bmod q)$$
$$\equiv [g^{(H(m)+xr)s^{-1}} (\bmod p)] (\bmod q)$$
$$\equiv [g^k (\bmod p)] (\bmod q) \equiv r$$

在参数选取的第(2)步，算法没有直接选取模 p 的原根，因为求任意指定素数 p 的原根计算量较大. 由 $g \equiv h^{\frac{p-1}{q}} (\bmod p)$ 可知，$g^q \equiv h^{p-1} \equiv 1 (\bmod p)$. 因 q 是素因子，故 g 对模 p 的阶等于 q.

理论上讲，由于 g 对模 p 的阶为 q 而不是 $\varphi(p) = p-1$，$\{g^1, g^2, \cdots, g^q\}$

这个集合远小于模 p 的简化剩余系. 但由于 q 是一个长度为 160 比特的素数，这个集合仍然足够大，因此可以保证密码分析者由 $y \equiv g^x (\bmod p)$ 求出 x 是困难的.

5.3.3　单向函数

密码学尤其是公钥密码学的发展是与计算复杂性理论息息相关的. 其中单向函数和单向陷门函数在密码学中被广泛使用.

满足下面条件的函数称为单向函数：
(1) 给定 x，计算 $y = f(x)$ 是容易的；
(2) 给定 y，计算 $x = f^{-1}(y)$ 是不可行的.

例如，在 DSA 签名算法中，对于给定的大素数 p 和一个阶为 160 比特的素数的整数 g，已知 x，计算 $y \equiv g^x (\bmod p)$ 容易；但已知 y，计算 $x \equiv \mathrm{ind}_g y (\bmod \varphi(p))$ 则很难.

满足如下条件的函数称为单向陷门函数：
(1) 已知 x，则计算 $y = f(x)$ 容易；
(2) 已知 y，但不知 k，则计算 $x = f_k^{-1}(y)$ 是不可行的；
(3) 已知 k 和 y，则计算 $x = f_k^{-1}(y)$ 是容易的.

例如，对于 RSA 算法，若已知参数 m、e 和 n，要计算 $c \equiv m^e (\bmod n)$ 是容易的；若已知参数 c、e 和 n，要通过等式 $c \equiv m^e (\bmod n)$ 计算 m 是困难的. 现在若已知 $n = pq$，则容易得到 d，故计算 $m \equiv c^d (\bmod n)$ 也很容易. 在 RSA 算法的这个例子中，知道 $n = pq$ 这个因式分解就是陷门. 但若不知 $n = pq$ 或者 d，要实现解密在计算上是困难的. RSA 算法的安全性就依赖于分析者虽然知道 n 是两个素数 p 和 q 的乘积，但是从计算上却难以得到 p 和 q 的值，从而无法得到 d 的值，即不能实现对密文的正常解密.

习　题　5

一、判断题

1. 设 p 是素数，g 是模 p 的原根，若 $g^x \equiv 1 (\bmod p)$，则 x 是 p 的整数倍.

（　　）

2. 设 m 是正整数，$(a, m)=1$，若 $a^d \equiv 1 (\mathrm{mod}\, m)$，则 $d \mid \varphi(m)$. （　　）

3. 只有 m 是素数时，模 m 的原根才存在. （　　）

4. 根据费马小定理，$2^6 \equiv 1 (\mathrm{mod}\, 7)$，故 $\mathrm{ord}_7(2)=6$. （　　）

5. 若 $y \equiv g^x (\mathrm{mod}\, p)$，则 $x \equiv \mathrm{ind}_g\, y (\mathrm{mod}\, p)$. （　　）

二、综合题

1. 已知 6 是模 41 的原根，$9 \equiv 6^{30} (\mathrm{mod}\, 41)$，求 $\mathrm{ord}_{41}(9)$.

2. 写出模 5 的全部原根.

3. 已知模 22 的原根存在，求模 22 的所有原根.

4. 已知模 26 的原根存在，求模 26 的所有原根.

5. 已知 5 对模 17 的阶为 16，列出所有模 17 阶为 8 的整数 $a(0<a<17)$.

6. 已知 6 对模 41 的阶为 40，列出所有模 41 阶为 8 的整数 $a(0<a<41)$.

7. 已知 6 对模 41 的阶为 40，列出所有模 41 阶为 10 的整数 $a(0<a<41)$.

8. 已知 $m=13^3$ 的原根存在，求模 m 的原根的个数.

9. 求模 101 的原根的个数.

10. 已知 $\mathrm{ord}_{41}(18)=5$，快速求 $18^{18} (\mathrm{mod}\, 41)$.

11. 编程实现寻找某个小于 10 000 的整数的原根.

第 6 章　近世代数基础

　　抽象代数(Abstract Algebra)亦称近世代数,萌芽于 18 世纪末,到 20 世纪 30 年代,逐步成为现代数学的主要分支之一. 抽象代数是初等代数的推广,主要研究代数结构,比如群、环、域、模等.

　　为使本科学生能够理解高级加密标准(AES)算法及二元扩域上的椭圆曲线密码算法,本章在介绍近世代数基础知识时会尽量减少概念的引入,比如关于群的半群、子群、陪集、商群等,关于环的子环、理想甚至商环等,有限域部分也仅仅是给出相关概念及对概念的理解.

6.1　群

　　群(Group)是一种代数系统. 对群的理论研究是由法国数学家伽罗瓦开创的,主要为了解决一般的高次代数方程是否存在二次方程那样的求根公式(即"为什么五次及更高次的代数方程没有一般的代数解法? 也就是说,这样的方程不能由方程的系数经有限次四则运算和开方运算求根.")这个问题.

6.1.1　群的基础知识

　　【定义 6.1.1】　集合 G 中的**二元运算**是一个如下的函数:

$$\circ : G \times G \to G$$

也就是说,集合 G 中的二元运算,就是为**有序对**(a, b)分配一个确定的元素 c 与之对应,即 $a \circ b = c$. 这里的。可以是数学运算中的加法、减法、乘法或者异或等运算符号,也可以是重新定义的运算符号.

　　【定义 6.1.2】　设。是集合 G 中的二元运算,若对集合 G 中的任意元素 a、b、c,都有$(a \circ b) \circ c = a \circ (b \circ c)$,则称二元运算。满足**结合律**.

　　通常意义上的加法和乘法满足结合律,减法和除法不满足结合律. 例如:$(5+3)+7=5+(3+7)$,但$(5-3)-7 \neq 5-(3-7)$.

【定义 6.1.3】　设。是集合 G 中的二元运算，若对集合 G 中的任意元素 a、b，都有 $a \circ b = b \circ a$，则称二元运算。满足**交换律**.

通常意义上的加法和乘法满足交换律，减法和除法不满足交换律. 例如：$5+3=3+5$，但 $5-3 \neq 3-5$.

【定义 6.1.4】　（群的定义）设 G 为非空集合，在 G 内定义了一种二元运算为。，若满足下述公理：

(1) 封闭性成立：对任意 $a, b \in G$，恒有 $a \circ b \in G$；

(2) 结合律成立：对任意 $a, b, c \in G$，有 $(a \circ b) \circ c = a \circ (b \circ c)$；

(3) G 中有一恒等元 e 存在：对任意 $a \in G$，有 $e \in G$，使 $a \circ e = e \circ a = a$；

(4) 对任意 $a \in G$，存在 a 的唯一逆元 $a^{-1} \in G$，使 $a \circ a^{-1} = a^{-1} \circ a = e$，

则 $\langle G, \circ \rangle$ 构成一个**群**.

在不引起混淆的情况下，也可以称 G 为群.

若群 G 满足交换律，则称群 G 为**交换群**或者**阿贝尔群**.

若群中的运算为加法，则恒等元通常也称为**零元**；若群中的运算为乘法，则恒等元通常也称为**单位元**、**幺元**.

恒等元译自 Identity Element. 不同的作者或许有不同的翻译，这里沿用了《纠错码——原理与方法》（王新梅，肖国镇编著）一书的翻译.

【人物传记】　埃瓦里斯特·伽罗瓦（法语：Évariste Galois，1811—1832），法国数学家. 他发现了 n 次多项式可以用根式解的充要条件，解决了长期困扰数学界的问题. 他的工作为伽罗瓦理论以及伽罗瓦连接领域的研究奠定了基石. 他是第一个使用群这一数学术语来表示一组置换的人，与阿贝尔并称为现代群论的创始人.

【人物传记】　尼尔斯·亨利克·阿贝尔（Niels Henrik Abel，1802—1829），挪威数学家，以证明五次方程的根式解的不可能性和对椭圆函数论的研究而闻名. 他与伽罗瓦一同被奉为群论的先驱，现在有以他名字命名的阿贝尔奖.

【例 6.1.1】　设 n 是一个正整数，令 $\mathbf{Z}=\{\cdots, -n, \cdots, -2, -1, 0, 1, 2, \cdots, n, \cdots\}$，即 $\mathbf{Z}$ 是所有整数的集合. 对于通常意义的加法（＋），集合 $\mathbf{Z}$ 满足：

(1) 封闭性，即整数与整数相加，结果仍然是整数，封闭性成立；

(2) 结合律，即对于元素 $a, b, c \in \mathbf{Z}$，有 $(a+b)+c=a+(b+c)$，结合律

成立；

(3) 存在零元 0，即对于元素 $a \in \mathbf{Z}$，有 $a+0=0+a=a$；

(4) 每个元素 a 的逆元为 $-a$，$a+(-a)=0$.

故 $\mathbf{Z}$ 是一个群.

由于通常意义的加法(+)满足交换律，故该群是一个交换群.

【例 6.1.2】　非零集合 $\mathbf{Z}^* = \mathbf{Z} \backslash \{0\}$ 对于通常意义的乘法(×)满足封闭性、结合律，存在单位元 1，但不是每个元素都有逆元，例如找不到元素 $a \in \mathbf{Z}$，使得 $2 \times a = a \times 2 = 1$，也即 2 的逆元不存在，故 $\mathbf{Z}^*$ 不是一个群.

【例 6.1.3】　设 n 是一个正整数，令 $\mathbf{Z}/n\mathbf{Z} = \{0, 1, 2, 3, \cdots, n-1\}$，即模 n 的最小非负完全剩余系，则集合 $\mathbf{Z}/n\mathbf{Z}$ 对于加法

$$a \oplus b = a + b \pmod{n}$$

构成一个交换群. $\mathbf{Z}/n\mathbf{Z}$ 也常记为 $\mathbf{Z}_n$.

例如，$n=11$ 时，令 $G = \mathbf{Z}/n\mathbf{Z} = \{0, 1, 2, 3, 4, 5, 6, 7, 8, 9, 10\}$，对于集合中的元素 a、b，定义加法运算为

$$a \oplus b = a + b \pmod{n}$$

则 $\langle G, \oplus \rangle$ 构成一个群，且是交换群. 下面看看 $\langle G, \oplus \rangle$ 满足公理的情况.

(1) 封闭性成立. 对任意 $a, b \in G$，恒有 $a \oplus b \pmod{11} \in G$. 例如，$8 \oplus 9 = 17 \equiv 6 \pmod{11} \in G$，满足封闭性.

(2) 结合律成立. 对任意 $a, b, c \in G$，有 $(a \oplus b) \oplus c = a \oplus (b \oplus c)$.

(3) 恒等元存在，恒等元 $e=0$. 对任意 $a \in G$，有 $e \in G$，使 $a+e = e+a = a$.

(4) 对任意 $a \in G$，存在 a 的逆元 $a^{-1} \in G$，使 $a + a^{-1} = a^{-1} + a = e$. 例如，7 在集合中的逆元为 4，因 $7 \oplus 4 \pmod{11} \equiv 0$.

显然，加法满足交换律，故该群是交换群.

特别地，当 $n=2$ 时，$\langle \mathbf{Z}_2, \oplus \rangle$ 也是一个交换群.

【例 6.1.4】　设 p 是一个素数，$F_p = \mathbf{Z}/p\mathbf{Z} = \{0, 1, 2, 3, \cdots, p-1\}$，$F_p^* = F_p \backslash \{0\}$，$F_p^*$ 是模 p 的最小非负简化剩余系，则集合 F_p^* 对于乘法：

$$a \otimes b = a \times b \pmod{p}$$

构成一个交换群.

例如，$p=11$ 时，$F_{11}^* = \{1, 2, 3, 4, 5, 6, 7, 8, 9, 10\}$，定义该集合中的运算为

$$a \otimes b = a \times b \pmod{11}$$

其中 a、b 为集合中的元素，则 F_{11}^* 是一个群，且是交换群. 下面看看 $\{F_{11}^*, \otimes\}$ 满足公理的情况.

（1）封闭性成立. 对任意 a，$b \in F_{11}^*$，恒有 $a \otimes b \pmod{11} \in F_{11}^*$. 例如，$8 \otimes 9 = 72 \equiv 6 \pmod{11} \in F_{11}^*$.

（2）结合律成立. 对任意 a，b，$c \in G$，有 $(a \otimes b) \otimes c = a \otimes (b \otimes c)$.

（3）恒等元存在，恒等元 $e = 1$. 对任意 $a \in F_{11}^*$，有 $e \in F_{11}^*$，使

$$a \otimes e = e \otimes a = a$$

（4）对任意 $a \in F_{11}^*$，存在 a 的逆元 $a^{-1} \in F_{11}^*$，使 $a \otimes a^{-1} = a^{-1} \otimes a = e$. 例如，7 在集合中的逆元为 8，因 $7 \otimes 8 \pmod{11} \equiv 1$.

显然，乘法满足交换律，故该群是交换群.

特别地，当 $n = 2$ 时，$\langle \mathbf{Z}_2^*, \otimes \rangle$ 也是一个交换群. 实际上，$\mathbf{Z}_2^* = \{1\}$，该集合中只有一个元素 1.

【例 6.1.5】　设 n 是一个正合数，$\mathbf{Z}_n = \{0, 1, 2, 3, \cdots, n-1\}$，则集合 $\mathbf{Z}_n \backslash 0\}$ 对于乘法

$$a \otimes b = a \times b \pmod{n}$$

不构成一个交换群，因为 n 的真因数没有逆元.

例如，$n = 10$，因 2 与 10 不互素，故 $2^{-1} \pmod{10}$ 不存在.

【例 6.1.6】　设 n 是一个正合数，$\mathbf{Z}_n = \{0, 1, 2, 3, \cdots, n-1\}$，令 $\mathbf{Z}_n^* = (\mathbf{Z}/n\mathbf{Z})^* = \{a \mid a \in \mathbf{Z}_n, (a, n) = 1\}$，也即模 n 的最小非负简化剩余系，则集合 $\mathbf{Z}_n^*$ 对于乘法

$$a \otimes b = a \times b \pmod{n}$$

构成一个交换群.

例如，$n = 10$，则 $\mathbf{Z}_{10}^* = \{1, 3, 7, 9\}$，即模 10 的最小非负简化剩余系，该集合对运算封闭，满足结合律，单位元为 1，每个元素存在逆元.

可以看出，群和群的例子，就犹如面向对象编程中的类和类的实例.

6.1.2　循环群

【定义 6.1.5】　设 $\langle G, \circ \rangle$ 是群，$a \in G$，$n \in \mathbf{Z}$，则 a 的幂定义为

$$a^n = a \circ a \circ \cdots$$

$$a^{-n} = a^{-1} \circ a^{-1} \circ \cdots \circ a^{-1}$$
$$a^0 = e$$

例如，在群 $\langle \mathbf{Z}_3, \oplus \rangle$ 中，对于集合中的元素 a 和 b，定义 $a \oplus b = a + b \pmod 3$，则有

$$2^0 = 0$$
$$2^3 = 2 \oplus 2 \oplus 2 = 2 + 2 + 2 \pmod 3 \equiv 0$$
$$2^{-3} = (2^{-1})^3 = 1^3 = 1 + 1 + 1 \pmod 3 \equiv 0$$

【定义 6.1.6】 设 $\langle G, \circ \rangle$ 是群，$a \in G$，则使得等式 $a^k = e$ 成立的最小正整数 k 称为 a 的**阶**，记作 $|a| = k$，也称 a 为 k 阶元. 若不存在这样的正整数 k 使得 $a^k = e$ 成立，则称 a 为无限阶元. 若集合 G 的元素个数有限，则其元素个数称为群 G 的阶.

【例 6.1.7】 在 $\langle \mathbf{Z}_6, \oplus \rangle$ 中，对于集合中的元素 a 和 b，定义 $a \oplus b = a + b \pmod 6$，该群有 6 个元素，故该群的阶为 6.

2 和 4 是 3 阶元，因为

$$2^3 = 2 \oplus 2 \oplus 2 = 2 + 2 + 2 \pmod 6 \equiv 0$$
$$4^3 = 4 \oplus 4 \oplus 4 = 4 + 4 + 4 \pmod 6 \equiv 0$$

3 是 2 阶元，因为 $3^2 = 3 \oplus 3 = 3 + 3 \pmod 6 \equiv 0$.

1 和 5 是 6 阶元，例如

$$5^6 = 5 \oplus 5 \oplus 5 \oplus 5 \oplus 5 \oplus 5 = 5 + 5 + 5 + 5 + 5 + 5 \pmod 6 \equiv 0$$

【例 6.1.8】 在 $\langle \mathbf{Z}_{11}^*, \otimes \rangle$ 中，该群有 10 个元素，故该群的阶为 10.

由第 5 章的知识易得，2 是模 11 的生成元，故 $2^3 = 8$，$2^7 \equiv 7 \pmod{11}$，$2^9 \equiv 6 \pmod{11}$ 也为模 11 的生成元，它们都是 10 阶元.

由定理 5.1.4 知，$2^2 = 4$，$2^4 \equiv 5 \pmod{11}$，$2^6 \equiv 9 \pmod{11}$，$2^8 \equiv 3 \pmod{11}$ 模 11 的阶为 5，故 3，4，5，9 是模 11 的 5 阶元.

$2^5 \equiv 10 \pmod{11}$ 模 11 的阶为 2，故 10 是模 11 的 2 阶元.

【定理 6.1.1】 设 $\langle G, \circ \rangle$ 为群，则群中任何元素 a 与其逆元 a^{-1} 具有相同的阶.

例如例 6.1.7 中，2 和 4 互为逆元，它们的阶都为 3；1 和 5 互为逆元，它们的阶都为 6；3 的逆元为自身，它的阶为 2.

例如例 6.1.8 中，2 和 6 互为逆元，它们的阶都为 10；7 和 8 互为逆元，它们的阶都为 10；3 和 4 互为逆元，它们的阶都为 5；5 和 9 互为逆元，它们的阶都为 5；10 的逆元为自身，它的阶为 2.

定理 6.1.1 在性质 5.1.1 中描述为 $\mathrm{ord}_m(a^{-1})=\mathrm{ord}_m(a)$.

【定义 6.1.7】 设 $\langle G, \circ \rangle$ 为群，如果存在一个元素 $a \in G$，使 $G = \{a^k \mid k \in \mathbf{Z}\}$，则称 G 为**循环群**，记作 $G = \langle a \rangle$，称 a 是 G 的**生成元**.

也就是说，群 G 的每一个元素都能表示为元素 a 的幂.

循环群都是交换群，循环群的生成元也可以不止一个.

如果 a 的阶为 n，即 $a^n = e$，那么 $G = \langle a \rangle = \langle e, a, a^2, \cdots, a^{n-1} \rangle$，此时 G 称为由 a 所生成的 n 阶循环群，注意 $e, a, a^2, \cdots, a^{n-1}$ 两两不同.

群和循环群，就如同面向对象编程中的父类和派生类.

【例 6.1.9】 循环群的生成元举例.

(1) $\langle \mathbf{Z}, + \rangle$ 是一个循环群，1 或 -1 是生成元，1 与 -1 互为逆元.

(2) $\langle \mathbf{Z}_6, \oplus \rangle$ 是循环群，其生成元为 1 或 5.

(3) $\langle \mathbf{Z}_{11}^*, \otimes \rangle$ 是循环群，其生成元有 2，6，7 和 8.

【定义 6.1.8】 设 $\langle G, \circ \rangle$ 为循环群，a 是 G 的生成元，若 G 的阶为 n，则称 G 为 n 阶循环群，此时 $G = \{e, a, a^2, \cdots, a^{n-1}\}$；若 a 是无限阶元，则称 G 为无限循环群.

对于一个循环群 $G = \langle a \rangle$，它的生成元可能不止一个，如何求出它的所有生成元呢？

【定理 6.1.2】 设 $G = \langle a \rangle$ 是循环群.

(1) 若 $G = \langle a \rangle$ 是无限循环群，则 G 只有两个生成元，即 a 和 a^{-1}.

(2) 若 $G = \langle a \rangle$ 是 n 阶循环群，即 $G = \{e, a, a^2, \cdots, a^{n-1}\}$，则 G 的生成元是 a^t 当且仅当 t 与 n 是互质的.

易知 n 阶循环群的生成元的个数为 $\varphi(n)$.

【例 6.1.10】 设 $\langle \mathbf{Z}_9, \oplus \rangle$ 是模 9 的整数加法群，求其生成元.

解 小于等于 9 并与 9 互素的正整数为 1，2，4，5，7 和 8，所以其生成元为 1，2，4，5，7 和 8.

【例 6.1.11】 设 $\langle \mathbf{Z}_{17}^*, \otimes \rangle$ 是模 17 的整数乘法群，求其生成元.

解 由例 5.1.4 知，5 是群 $\mathbf{Z}_{17}^* = \{1, 5, 5^2, \cdots, 5^{16-1} = 5^{15}\}$ 的生成元，故

$\mathbf{Z}_{17}^{*}=\langle 5\rangle$，该群有 8 个生成元，即

$$\mathbf{Z}_{17}^{*}=\langle 5\rangle=\langle 5^{3}\rangle=\langle 5^{5}\rangle=\langle 5^{7}\rangle=\langle 5^{9}\rangle=\langle 5^{11}\rangle=\langle 5^{13}\rangle=\langle 5^{15}\rangle$$

6.1.3　同态与同构

【定义 6.1.9】 设$\langle G，\cdot，1\rangle$与$\langle H，*，1\rangle$为群，$\eta: G\to H$ 为 G 到 H 的映射，对于 $\forall g_1，g_2\in G$，若满足 $\eta(g_1\cdot g_2)=\eta(g_1)*\eta(g_2)$，则 η 为 G 到 H 的**群同态**.

若 η 为双射（既为单射也为满射），则称 G 与 H **同构**，记为 $G\cong H$.

【例 6.1.12】 设 $G_1=\{\mathbf{Z},+\}$ 是整数加法群，$G_2=\{\mathbf{Z}_n,\oplus\}$ 是模 n 整数加法群. 令 $\eta:\mathbf{Z}\to\mathbf{Z}_n,\eta(x)\equiv x(\bmod n)$，则 η 是群 G_1 到 G_2 的同态. 因为 $\forall x,y\in\mathbf{Z}$，有

$$\eta(x+y)\equiv(x+y)(\bmod n)=(x)(\bmod n)\oplus(y)(\bmod n)=\eta(x)\oplus\eta(y)$$

【例 6.1.13】 群$\langle\mathbf{Z},+\rangle$与群$\langle\mathbf{R}-\{0\},\times\rangle$同态. 因为存在一个从 $\mathbf{Z}$ 到 $\mathbf{R}-\{0\}$ 的同态映射 $f(x)=e^x$，对任意 $x,y\in\mathbf{Z}$，有

$$f(x+y)=e^{x+y}=e^x\times e^y=f(x)\times f(y)$$

【例 6.1.14】 设 $\mathbf{R}$ 为由全体实数组成的加法群$(+)$，$\mathbf{R}^+$ 为由全体正实数组成的乘法群$(\cdot)$，则群 $\mathbf{R}$ 与 $\mathbf{R}^+$ 同构.

证明　(1) 对任意的 $x\in\mathbf{R}$，令 $\eta(x)=e^x$，则 η 是 $\mathbf{R}$ 到 $\mathbf{R}^+$ 的映射.

(2) 设 $x,y\in\mathbf{R}$，若 $\eta(x)=\eta(y)$，即 $e^x=e^y$，则 η 是 $\mathbf{R}$ 到 $\mathbf{R}^+$ 的单射.

(3) 对任意的 $r\in\mathbf{R}^+$，令 $x=\log_e r$，则 $x\in\mathbf{R}$，$\eta(x)=e^x=e^{\log_e r}=r$，所以 η 是 $\mathbf{R}$ 到 $\mathbf{R}^+$ 的满射.

(4) 对 $x,y\in\mathbf{R}$，$\eta(x+y)=e^{x+y}=e^x\cdot e^y=\eta(x)\cdot\eta(y)$.

这就证明了 η 是$\langle\mathbf{R},+\rangle$到$\langle\mathbf{R}^+,\cdot\rangle$的同构映射.

【定理 6.1.3】 每个无限循环群同构于整数加法群$\langle\mathbf{Z},+\rangle$，每个阶为 m 的有限循环群同构于$\langle m/m\mathbf{Z},\oplus\rangle$.

6.2　环

6.2.1　环

【定义 6.2.1】 设 R 为非空集合，加法$(+)$与乘法$(\cdot)$为 R 中的二元运算. 若 R 满足：

① R 对于加法是交换群；

② R 对于乘法是封闭的；

③ 乘法结合律：对 $\forall a,b,c \in R$，有 $(a \cdot b) \cdot c = a \cdot (b \cdot c)$；

④ 乘法对加法的分配律：对 $\forall a,b,c \in R$，有

$$a \cdot (b+c) = a \cdot b + a \cdot c$$

$$(b+c) \cdot a = b \cdot a + c \cdot a$$

则称 R 为一个**环**.

如果环 R 的乘法还满足交换律：$\forall a,b \in R$，有

$$b \cdot a = a \cdot b$$

则称 R 为**交换环**.

把加法群的单位元称为**零元**，记为 0. 环 R 的元素 a 的加法逆元称为 a 的 **负元**，记为 $-a$. R 的零元及每个元素的负元都是唯一的.

如果环 R 中存在元素 e，使对任意的 $a \in R$，有 $a \cdot e = e \cdot a = a$，则称 R 是一个有单位元的环，并称 e 为 R 的**单位元**. 常把环 R 的单位元 e 记为 1.

如果环 R 有单位元，则单位元是唯一的.

设环 R 是有单位元 1 的环，$a \in R$，如果存在 $b \in R$，使 $a \cdot b = b \cdot a = 1$，则称 a 是 R 的一个可逆元，并称 b 为 a 的逆元.

如果 a 可逆，则 a 的逆元是唯一的；可逆元 a 的逆元记为 a^{-1}.

环不一定存在单位元，无单位元的环没有元素的逆元. 但如果环中存在单位元和逆元，则它们一定是唯一的，这一点与乘法群一样.

【**例 6.2.1**】 证明：整数集 $\mathbf{Z}$ 在整数加法（$+$）与整数乘法（$\cdot$）下为环.

证明 （1）$\mathbf{Z}$ 对加法构成交换群；

（2）$\mathbf{Z}$ 对乘法是封闭的，并且满足结合律；

（3）乘法对加法的分配律：

$$a \cdot (b+c) = a \cdot b + a \cdot c$$

$$(b+c) \cdot a = b \cdot a + c \cdot a$$

故整数集 $\mathbf{Z}$ 在整数加法（$+$）与整数乘法（$\cdot$）下为环.

【**例 6.2.2**】 所有偶数在普通加法和乘法运算下构成一个环，这个环对加法的单位元为 0，对乘法没有单位元.

【例 6.2.3】 设 n 为整数，$\mathbf{Z}_n=\{0,1,\cdots,n-1\}$，规定 $\oplus$ 和 $\otimes$ 的运算规则如下：

　　加法 $\oplus$：如果 $a,b\in\mathbf{Z}_n$，则 $a\oplus b=a+b\equiv r(\mathrm{mod}\,n)$，$r\in\mathbf{Z}_n$

　　乘法 $\otimes$：如果 $a,b\in\mathbf{Z}_n$，则 $a\otimes b=a\times b\equiv s(\mathrm{mod}\,n)$，$s\in\mathbf{Z}_n$

则 $(\mathbf{Z}_n,\oplus,\otimes,0,1)$ 为环，称为**剩余类环**，简记为 $\mathbf{Z}_n$.

【定义 6.2.2】 设 $a,b\in R$，且 $a\neq 0$，$b\neq 0$，若 $a\cdot b=0$，则称 a 与 b 为环 R 中的**零因子**.

环 R 若无零因子，则称 R 为**无零因子环**.

交换的无零因子环称为**整环**.

【例 6.2.4】 n 为合数的剩余类环有零因子，如环 $(\mathbf{Z}_{26},\oplus,\otimes)$ 中，因为 $13\times 2\equiv 0(\mathrm{mod}\,26)$，故 13 和 2 是零因子.

【例 6.2.5】 n 为素数的剩余类环无零因子，如环 $(\mathbf{Z}_7,\oplus,\otimes)$ 中没有零因子.

6.2.2　一元多项式环

【定义 6.2.3】 设 R 是一个交换环，x 是一个符号，$a_0,a_1,a_2,\cdots,a_n\in R$，称形如

$$f(x)=a_0+a_1x+a_2x^2+\cdots+a_nx^n$$

的表达式为 R 上的 x 的一个**多项式**，其中，a_ix^i 称为多项式 $f(x)$ 的 i 次项，a_i 称为 i 次项的系数.

如果 $a_n\neq 0$，则称 $f(x)$ 的次数为 n，记为 $\deg f(x)=n$.

环 R 上所有关于 x 的多项式构成的集合记为 $R[x]$.

称 $0\in R$ 为 $R[x]$ 上的**零多项式**.

【例 6.2.6】 由例 6.2.1 知，整数集 $\mathbf{Z}$ 在整数加法 $(+)$ 与整数乘法 $(\cdot)$ 下为环，环 $\mathbf{Z}$ 上的一元多项式构成了**整系数环** $\mathbf{Z}[x]$.

【例 6.2.7】 由例 6.2.3 知，$\mathbf{Z}_n=\{0,1,\cdots,n-1\}$ 在例 6.2.3 规定 $\oplus$ 和 $\otimes$ 的运算规则下为环，环 $\mathbf{Z}_n$ 上的一元多项式构成了**整系数环** $\mathbf{Z}_n[x]$.

由于一元多项式在密码学中的应用多在域上进行，故对一元多项式知识的介绍放在域的部分(即 6.3 节).

6.3　有　限　域

6.3.1　域的定义

【定义 6.3.1】　设 F 为非空集合，若在 F 中定义了加和乘两种运算，且满足下述公理：

(1) F 关于加法构成交换群，其加法恒等元记为 0；

(2) F 中非零元素全体对乘法构成交换群，其乘法恒等元（单位元）记为 1；

(3) 加法和乘法间有如下分配律：

$$a \times (b+c) = a \times b + a \times c$$
$$(b+c) \times a = b \times a + c \times a$$

则称 F 为一个**域**.

若 F 中的元素个数有限，则称 F 为**有限域**（Finite Field）或伽罗瓦（Galois Field）域. 域中元素的个数称为有限域的**阶**. 以 GF(q) 或者 F_q 表示 q 阶有限域.

域的定义中的加法和乘法规则不一定与通常意义的乘法和加法完全相同，常会重新定义运算规则.

【例 6.3.1】　设 p 为素数，对于非空集合 $F = \{0, 1, 2, \cdots, p-1\}$，在模 p 的情况下做加法和乘法运算，规定的运算规则如下：

加法$\oplus$：如果 $a, b \in F$，则 $a \oplus b = a + b \equiv r \pmod{p}$，$r \in F$

乘法$\otimes$：如果 $a, b \in F$，则 $a \otimes b = a \times b \equiv s \pmod{p}$，$s \in F$

由前面的例题可知，F 关于加法构成交换群，其加法恒等元为 0；F 中非零元素全体对乘法构成交换群，其乘法恒等元为 1；分配律也是成立的. 故 F 在定义的加法和乘法运算规则下构成有限域，通常记为 GF(p) 或者 F_p.

特别地，当 $p = 2$ 时，集合 F 有两个元素，即 $\{0, 1\}$，该集合在模 2 的情况下构成有限域，记为 GF(2) 或者 F_2.

【例 6.3.2】　有理数集 **Q**、实数集 **R**、复数集 **C** 对于通常数的加法与乘法构成域，分别称为有理数域、实数域、复数域.

【定义 6.3.2】　设 q 为素数，q 阶有限域中阶为 $q-1$ 的元素称为本原域元素，简称**本原元**.

【定理 6.3.1】 设 q 为素数，有限域 F_q 中一定含有本原元.

这个定理说明，有限域的非零元素构成一个循环群. 比如 $p=11$ 时，GF(11) 中所包含的元素有 $0，1，\cdots，10$，非零元素 $1，2，\cdots，10$ 对乘法构成循环群，其中 2 就是模 11 的原根，也就是这里的本原元.

6.3.2 域上的一元多项式

域上的一元多项式定义如下.

【定义 6.3.3】 设 F 是一个域，n 是非负整数，称

$$f(x)=a_0+a_1x+a_2x^2+\cdots+a_nx^n，a_i\in F$$

是 F 上的一元多项式，其中 x 是一个符号.

如果 $a_n\neq 0$，则称 n 是多项式 $f(x)$ 的**次数**，记为 $\deg f(x)=n$.

如果 $a_n=1$，则称 $f(x)$ 为**首一多项式**.

F 上的全体一元多项式的集合用 $F[x]$ 表示.

如果 $a_i=0，i\in[1，n]，a_0\neq 0$，即 $f(x)$ 为常数，则约定 $\deg f(x)=0$，即为**零次多项式**. 当 a_i 全为 0 时，$f(x)=0$，称为**零多项式**. 对于零多项式，不定义多项式的次数.

需要注意的是，这里并不是说 $F[x]$ 这个集合构成域，而是指 $F[x]$ 中的多项式的系数 $a_i\in F$. $F[x]$ 这个集合不构成一个域.

通常用 $F_p[x]$ 表示变元为 x，且每一项系数属于 F_p 的所有多项式的集合. 系数属于 F_p 的意思是多项式的每一项的系数属于模 p 的最小非负完全剩余系，即 $\{0，1，\cdots，p-1\}$. $F_p[x]$ 也被记为 GF(p)[x].

【例 6.3.3】 $F_2[x]$ 表示变元为 x 且每一项系数属于 GF(2) 的所有多项式的集合. 也就是说，$F_2[x]$ 中的多项式的系数为整数且属于集合 $\{0，1\}$，即每一项的系数要么是 0，要么是 1. 比如，$f(x)=x^5+x^2+x$，则 $f(x)$ 是 $F_2[x]$ 中的一元多项式，$\deg f(x)=5$；而 $g(x)=3x^2+x+1$ 不是 $F_2[x]$ 中的一元多项式，因为 3 不是 F_2 这个域中的元素.

【例 6.3.4】 $F_5[x]$ 表示变元为 x 且每一项系数属于 $\{0，1，2，3，4\}$ 的所有多项式的集合. 例如，$f(x)=x^5+3x^2\in F_5[x]$，$f(x)$ 是首一多项式；$g(x)=3x^2+x+1\in F_5[x]$，$g(x)$ 不是首一多项式.

6.3.3　域上一元多项式的运算规则

设 F 是域，多项式

$$f(x)=a_0+a_1x+a_2x^2+\cdots+a_nx^n$$
$$g(x)=b_0+b_1x+b_2x^2+\cdots+b_nx^n$$

其中 a_i，$b_i\in F$.

规定加法规则为

$$f(x)+g(x)=(a_0+b_0)+(a_1+b_1)x+(a_2+b_2)x^2+\cdots+(a_n+b_n)x^n$$

规定乘法规则为

$$f(x)g(x)=c_0+c_1x+c_2x^2+\cdots+c_{2n}x^{2n},\ c_i=\sum_{k=0}^{i}a_kb_{i-k}$$

注意，上面多项式的系数的加法和乘法在域 F 上进行.

【例 6.3.5】　$F_2[x]$ 中的两个多项式加法：

$$(x^5+x^2+x+1)+(x^3+x^2+1)=x^5+x^3+2x^2+x+2=x^5+x^3+x$$

这里的系数的加法是在 F_2 上进行的，故系数相加后要模 2.

【例 6.3.6】　$F_2[x]$ 中的两个多项式乘法：

$$(x^2+1)\times(x^2+1)=x^4+x^2+x^2+1=x^4+1$$

【例 6.3.7】　$F_2[x]$ 中的两个多项式：

$$f(x)=x^6+x^4+x^2+x+1$$
$$g(x)=x^7+x+1$$

则

$$f(x)+g(x)=x^7+x^6+x^4+x^2+2x+2=x^7+x^6+x^4+x^2$$
$$f(x)g(x)=x^{13}+x^{11}+x^9+x^8+x^6+x^5+x^4+x^3+1$$

这里的系数的加法是在 F_2 上进行的，故系数相加后要模 2.

6.3.4　一元多项式的整除

【定义 6.3.4】　对于 $f(x)$，$g(x)\in F[x]$，$g(x)\neq 0$，如果存在 $q(x)\in F[x]$，使 $f(x)=q(x)g(x)$，则称 $g(x)$ **整除** $f(x)$，记为 $g(x)|f(x)$，$g(x)$ 称为 $f(x)$ 的**因式**.

多项式的整除具有以下一些性质（其中 $c\in F$ 且 $c\neq 0$）：

(1) $g(x)|0$.

(2) $c\,|\,g(x)$(因为 $g(x)=c(c^{-1}g(x))$).

(3) 如果 $g(x)\,|\,f(x)$,则 $cg(x)\,|\,f(x)$.

证明　令 $f(x)=g(x)q(x)$,则 $f(x)=(cg(x))(c^{-1}q(x))$,故 $cg(x)\,|\,f(x)$.

(4) 如果 $g(x)\,|\,f(x)$,$f(x)\,|\,h(x)$,则 $g(x)\,|\,h(x)$.

(5) 如果 $g(x)\,|\,f(x)$,$g(x)\,|\,h(x)$,则对 $\forall u(x)$,$v(x)\in F[x]$,有
$$g(x)\,|\,u(x)f(x)+v(x)h(x)$$

(6) 如果 $g(x)\,|\,f(x)$,$f(x)\,|\,g(x)$,则 $f(x)=cg(x)$.

【例 6.3.8】　在整系数多项式环 $\mathbf{Z}[x]$ 中,有
$$(x+1)\,|\,(x^2-1),\quad 2x+5\,|\,2x^2+5x$$

【例 6.3.9】　设 $g(x)=3x^2+x+1$,则
$$g(x)\in F_5[x]$$
在 F_5 中,$2^{-1}(\bmod 5)\equiv 3$. 故在 $F_5[x]$ 中,
$$g(x)=2\times(3\times g(x))=2\times(4x^2+3x+3)$$

【例 6.3.10】　因为 $F_2[x]$ 中的两个多项式相乘:
$$(x^2+1)\times(x^2+1)=x^4+x^2+x^2+1=x^4+1$$
故在 $F_2[x]$ 中,$x^2+1\,|\,x^4+1$. 由中学的知识可知,$x^2+1\nmid x^4+1$. 由此可见,多项式整除与讨论的范围有关.

【例 6.3.11】　$F_2[x]$ 中多项式 $g(x)=x+1$,$f(x)=x^3+x$,则
$$f(x)=(x^2+x)g(x)$$
因系数的取值范围为 F_2,故 $-1\equiv 1(\bmod 2)$. 采用多项式长除法,计算过程如下:

$$
\begin{array}{r}
x^2+x \\
x+1\overline{)\,x^3+0x^2+x} \\
\underline{x^3+\ x^2} \\
x^2+x \\
\underline{x^2+x} \\
0
\end{array}
$$

6.3.5　域上一元多项式的带余除法

整数之间,较大的整数不一定为较小的整数的倍数. 多项式也一样,次数低的多项式不一定能整除次数高的多项式.

【定义 6.3.5】　对于 $f(x)$，$g(x) \in F[x]$，$g(x) \neq 0$，存在 $q(x)$，$r(x) \in F[x]$，使

$$f(x) = q(x)g(x) + r(x)，r(x) = 0 \text{ 或 } \deg r(x) < \deg g(x)$$

其中 $q(x)$ 称为**商式**，$r(x)$ 称为**余式**.

【例 6.3.12】　$F_2[x]$ 中多项式 $g(x) = x+1$，$f(x) = x^3 + x + 1$，则

$$f(x) = (x^2 + x)g(x) + 1$$

【例 6.3.13】　$F_2[x]$ 中多项式 $g(x) = x^2 + x + 1$，$f(x) = x^5 + x^3 + x^2 + x + 1$，则

$$f(x) = (x^3 + x^2 + x + 1)g(x) + x$$

【例 6.3.14】　$F_3[x]$ 中，$x^5 + x^4 + x^2 + 1 = (x^3 + x + 1)(x^2 + x + 2) + 2x^2 + 2$. 计算过程如下：

$$
\begin{array}{r}
x^2 + x + 2 \\
x^3 + x + 1 \overline{)\, x^5 + x^4 + x^2 + 1} \\
\underline{x^5 + x^3 + x^2} \\
x^4 + 2x^3 + 1 \\
\underline{x^4 + x^2 + x} \\
2x^3 + 2x^2 + 2x + 1 \\
\underline{2x^3 + 2x + 2} \\
2x^2 + 2
\end{array}
$$

【例 6.3.15】　$F_7[x]$ 中多项式 $x^3 + x + 1 = (4x + 5)(2x^2 + x + 1) + 6x + 3$.

6.3.6　多项式的公因式

【定义 6.3.6】　设 $f(x)$，$g(x) \in F[x]$ 是不全为零的多项式，$d(x) \neq 0$ 且 $d(x) \in F[x]$，如果 $d(x) \mid f(x)$，$d(x) \mid g(x)$，则称 $d(x)$ 是 $f(x)$ 和 $g(x)$ 的一个公因式.

如果公因式 $d(x)$ 是首一多项式，而且 $f(x)$ 和 $g(x)$ 的任何公因式都整除 $d(x)$，则称 $d(x)$ 是 $f(x)$ 和 $g(x)$ 的**最大公因式**，记为 $(f(x), g(x))$.

如果 $(f(x), g(x)) = 1$，则称 $f(x)$ 和 $g(x)$ **互素**.

【定理 6.3.2】　设 $f(x)$，$g(x)$，$r(x) \in F[x]$ 为非零多项式，如果 $f(x) = q(x)g(x) + r(x)$，$q(x) \in F[x]$，则 $(f(x), g(x)) = (g(x), r(x))$.

该定理与定理 1.2.3 所描述的性质相似.

【**定理 6.3.3**】　(**多项式欧几里德算法**)对于多项式 $f(x)$、$g(x)$，其中 $\deg g(x) \leqslant \deg f(x)$. 反复进行带余除法，有

$$f(x) = q_0(x)g(x) + r_1(x),\ \deg r_1(x) < \deg g(x)$$
$$g(x) = q_1(x)r_1(x) + r_2(x),\ \deg r_2(x) < \deg r_1(x)$$
$$r_1(x) = q_2(x)r_2(x) + r_3(x),\ \deg r_3(x) < \deg r_2(x)$$
$$\vdots$$
$$r_{m-2}(x) = q_{m-1}(x)r_{m-1}(x) + r_m(x),\ \deg r_m(x) < \deg r_{m-1}(x)$$
$$r_{m-1}(x) = q_m(x)r_m(x)$$

于是 $r_m(x) = (g(x),\ f(x))$.

注意到 $\deg g(x) > \deg r_1(x) > \deg r_2(x) > \cdots > \deg r_m(x)$，即余式的次数越来越小，有限次后必然为 0.

【**例 6.3.16**】　求 $F_2[x]$ 中多项式

$$f(x) = x^5 + x^3 + x + 1$$
$$g(x) = x^3 + x^2 + x + 1$$

的最大公因式.

解　由多项式欧几里德算法得

① $x^5 + x^3 + x + 1 = (x^2 + x + 1)(x^3 + x^2 + x + 1) + (x^2 + x)$，即
$$(x^5 + x^3 + x + 1,\ x^3 + x^2 + x + 1) = (x^3 + x^2 + x + 1,\ x^2 + x)$$

② $(x^3 + x^2 + x + 1) = x(x^2 + x) + (x + 1)$，即
$$(x^3 + x^2 + x + 1,\ x^2 + x) = (x^2 + x,\ x + 1)$$

③ $x^2 + x = x(x + 1)$，即
$$(x^2 + x,\ x + 1) = x + 1$$

故
$$(f(x),\ g(x)) = x + 1$$

【**定理 6.3.4**】　对于多项式 $f(x)$、$g(x)$，且 $h(x) = (f(x), g(x))$，则存在 $s(x)$、$t(x)$，使 $s(x)f(x) + t(x)g(x) = h(x)$.

在多项式欧几里德算法中，从下到上依次将 $r_m(x)$，$r_{m-1}(x)$，$\cdots$，$r_2(x)$，$r_1(x)$ 消去便得到该定理.

特别地，当 $f(x)$、$g(x)$ 互素时，存在 $s(x)$、$t(x)$，使
$$s(x)f(x) + t(x)g(x) = 1$$

【**例 6.3.17**】　已知 $F_2[x]$ 中多项式 $f(x) = x^4 + x + 1$，$g(x) = x^2$，求 $s(x)$、$t(x)$，使 $s(x)f(x) + t(x)g(x) = (f(x), g(x))$.

解　利用欧几里德算法，先计算$(f(x), g(x))$.

① $x^4+x+1=x^2\times x^2+(x+1)$，即
$$(x^4+x+1, x^2)=(x^2, x+1)$$

② $x^2=(x+1)(x+1)+1$，即
$$(x^2, x+1)=(x+1, 1)=1$$

故
$$(f(x), g(x))=1$$

又
$$
\begin{aligned}
1&=x^2-(x+1)(x+1)\\
&=x^2-(x+1)[(x^4+x+1)-(x^2\times x^2)]\\
&=x^2-(x+1)(x^4+x+1)+(x+1)(x^2\times x^2)\\
&=x^2-(x+1)(x^4+x+1)+((x+1)x^2)\times x^2\\
&=x^2-(x+1)(x^4+x+1)+(x^3+x^2)\times x^2\\
&=(1+x^3+x^2)\times x^2-(x+1)(x^4+x+1)
\end{aligned}
$$

即$(x+1)(x^4+x+1)+(x^3+x^2+1)\times x^2=(f(x), g(x))=1$.

　　在逆向写出的过程中，要注意哪些多项式是能合并的，也就是看清楚每个多项式在表达式中的角色.

　　最后，表达式中间的运算符号要为加号. 在$F_2[x]$中，$-(x+1)=x+1$，所以最后一步直接把减号变为了加号.

6.3.7　不可约多项式

　　【定义 6.3.7】　设多项式$p(x)\in F[x]$，且$\deg p(x)\geqslant 1$，如果$p(x)$在$F[x]$内的因式仅有零次多项式及$cp(x)(c\neq 0, c\in F)$，则称$p(x)$是$F[x]$内的一个**不可约多项式**，否则称为**可约多项式**.

　　也就是说，如果不存在多项式$f_1(x), f_2(x)\in F[x]$，满足
$$f(x)=f_1(x)\times f_2(x)$$
其中$\deg f_1(x)>0$和$\deg f_2(x)>0$，也即$f_1(x)$、$f_2(x)$不是常数，则$f(x)$为不可约多项式.

　　【例 6.3.18】　多项式可约与否，与其所在的集合相关. 例如，x^2+1在$\mathbf{Z}[x]$中是不可约的，而在$F_2[x]$中是可约的，因为
$$(x+1)(x+1)=x^2+2x+1=x^2+1$$

　　【定理 6.3.5】　给定域F上的n次多项式$f(x)$，如果对所有的不可约多

项式 $p(x)$，$\deg p(x) \leqslant \deg f(x)/2$，都有 $p(x) \nmid f(x)$，则 $f(x)$ 是不可约多项式.

例如，要判断 $F_2[x]$ 中 x^3+x+1 是否为不可约多项式，只需要用 x 和 $x+1$ 去除 x^3+x+1，不需要用次数为 2 的不可约多项式去除 x^3+x+1，就可以判定 x^3+x+1 为不可约多项式. 因为该多项式的次数为 3，如果有次数为 2 的不可约多项式的因式，则必有次数为 1 的不可约多项式的因式.

因为

$$x^3+x+1=x \times (x^2+1)+1$$
$$x^3+x+1=(x+1)(x^2+x+1)+1$$

故 x^3+x+1 为不可约多项式.

【例 6.3.19】　下面列举了 $F_2[x]$ 上 5 次以内的不可约多项式.

1 次：x，$x+1$；

2 次：x^2+x+1；

3 次：x^3+x^2+1，x^3+x+1；

4 次：$x^4+x^3+x^2+x+1$，x^4+x^3+1，x^4+x+1.

以求 $F_2[x]$ 上次数为 3 的不可约多项式为例，$F_2[x]$ 上次数为 3 的多项式共有 8 个，分别为 x^3，x^3+1，x^3+x，x^3+x+1，x^3+x^2，x^3+x^2+1，x^3+x^2+x，x^3+x^2+x+1.

在这 8 个多项式中，x^3，x^3+x，x^3+x^2，x^3+x^2+x 都含有因式 x，$x^3+1=(x+1)(x^2+x+1)$，$x^3+x^2+x+1=(x+1)(x^2+1)$，故需要确定 x^3+x+1 和 x^3+x^2+1 是否为不可约多项式. 因 x 和 $x+1$ 都不是它们的因式，由定理 6.3.5 知，它们为不可约多项式.

【例 6.3.20】　在 $F_3[x]$ 中，多项式 $f(x)=x^2+1$ 为不可约多项式.

【定理 6.3.6】　一个多项式 $f(x) \in F[x]$ 含有因式 $x-a(a \in F)$，当且仅当 $f(a)=0$.

证明　由带余除法，有 $f(x)=q(x)(x-a)+r(x)$，其中 $r(x) \in F[x]$. 于是 $(x-a)|f(x)$ 当且仅当 $r(x)=0$ 当且仅当 $f(a)=0$.

【例 6.3.21】　分解 $F_2[x]$ 中的多项式：$f(x)=x^5+x^4+x^3+x^2+x+1$.

解　由于 $f(1)=0$，因此 $f(x)$ 有因式 $x+1$. 运用多项式除法，得

$$f(x)=(x+1)(x^4+x^2+1)$$

通过用 x，$x+1$，x^2+x+1 去除 x^4+x^2+1，可得

$$x^4 + x^2 + 1 = (x^2 + x + 1)^2$$

故 $f(x) = (x+1)(x^2+x+1)^2$.

6.3.8　多项式同余

【定义 6.3.8】　对于多项式 $g(x) \in F[x]$，设它的次数为 n，即 $\deg g(x) = n$. 对于多项式 $f(x), r(x) \in F[x]$，如果 $f(x) = q(x)g(x) + r(x)$，其中 $\deg r(x) < n$，则定义 $f(x) \equiv r(x) \pmod{g(x)}$.

如同整数的情形，如果 $f(x) \equiv r(x) \pmod{g(x)}$，则 $g(x) \mid (f(x) - r(x))$.

【例 6.3.22】　在 $\mathbf{Z}[x]$ 中，因为 $x^5 + x^2 + 1 = (x^3 + x + 1)(x^2 - 1) + (x + 2)$，所以

$$x^5 + x^2 + 1 \equiv (x + 2) \pmod{x^3 + x + 1}$$

由此可见，此处的同余表示模某个多项式后余式相同.

与整数的同余相似，多项式同余也可以把 $F[x]$ 划分成剩余类.

【例 6.3.23】　在 $F_2[x]$ 中，令 $p(x) = x^3 + x + 1$. $F_2[x]$ 中多项式模 $p(x)$ 所得余式为 $0, 1, x, x+1, x^2, x^2+1, x^2+x, x^2+x+1$ 之一. 也就是说，$F_2[x]$ 模 $p(x)$ 有 8 个剩余类.

下面对 $F_2[x]$ 模 $p(x)$ 的余式为上述式子之一进行说明. 容易知道，$1, x$，$x+1, x^2, x^2+1, x^2+x, x^2+x+1$ 模 $p(x)$ 的余式就是自身.

进一步地，因为 $x^3 + x + 1 \equiv 0 \pmod{p(x)}$，故
$$x^3 \equiv x^3 + x^3 + x + 1 \equiv x + 1 \pmod{p(x)}$$

又如，
$$x^4 = x^3 \times x \equiv (x+1) \times x \pmod{p(x)} \equiv x^2 + x$$

其他 $F_2[x]$ 中的多项式模 $p(x)$ 的余式类似可得.

【例 6.3.24】　在 $F_2[x]$ 中，令 $g(x) = x^2 + 1$，则 $F_2[x]$ 模 $g(x)$ 有 4 个剩余类，分别为 $0, 1, x, x+1$. 也就是说，$F_2[x]$ 中的任一多项式模 $g(x)$ 后和 $0, 1, x, x+1$ 之一同余.

6.3.9　一种构造有限域的方法

【定理 6.3.7】　设多项式 $f(x)$ 是域 F_p 上的首一多项式，且 $f(x)$ 为不可约多项式，$\deg f(x) = n > 0$，记 $F_p[x]$ 模 $f(x)$ 的余式的全体为 $\{a_0 + a_1 x + a_2 x^2 + \cdots + a_{n-1} x^{n-1} \mid a_i \in F_p\}$，该集合有 p^n 个元素，规定加法和乘法运算

如下：
$$加法\oplus: a(x)\oplus b(x)\equiv a(x)+b(x)(\mathrm{mod}\, f(x))$$
$$乘法\otimes: a(x)\otimes b(x)\equiv a(x)\times b(x)(\mathrm{mod}\, f(x))$$

则 $F_p[x]$ 模 $f(x)$ 的余式的全体构成域，记为 $\mathrm{GF}(p^n)$ 或者 F_{p^n}.

可以直接依据域的定义证明该定理. 这里给出一个具体的实例，即 $F_2[x]$ 模 $f(x)=x^3+x+1$ 的余式的全体组成的集合构成一个域.

由定理 6.3.7 知，$F_2[x]$ 模 $f(x)$ 的余式的全体组成的集合为 $\mathrm{GF}(2^3)=\{0,1,x,x+1,x^2,x^2+1,x^2+x,x^2+x+1\}$.

设 $h(x)$、$g(x)$ 为集合 $\mathrm{GF}(2^3)$ 上的元素，记
$$h(x)=a_0+a_1x+a_2x^2$$
$$g(x)=b_0+b_1x+b_2x^2$$
其中 $a_i,b_i\in\mathrm{GF}(2)$. 在集合上定义运算规则如下：
$$加法\oplus: h(x)\oplus g(x)\equiv h(x)+g(x)(\mathrm{mod}\, f(x))$$
$$乘法\otimes: h(x)\otimes g(x)\equiv h(x)\times g(x)(\mathrm{mod}\, f(x))$$

注意，上面系数的加法和乘法是定义在域 $\mathrm{GF}(2)$ 中的.

下面说明集合 $\mathrm{GF}(2^3)=\{0,1,x,x+1,x^2,x^2+1,x^2+x,x^2+x+1\}$ 在给定的运算规则下为一个域.

【例 6.3.25】 已知 $h(x)=x^2+1$，$g(x)=x^2+x+1$ 和 $f(x)=x^3+x+1$ 是 $\mathrm{GF}(2^3)$ 上的多项式，求 $h(x)\oplus g(x)(\mathrm{mod}\, f(x))$.

解
$$h(x)\oplus g(x)=(x^2+1)+(x^2+x+1)$$
$$=2x^2+x+2$$
$$\equiv x(\mathrm{mod}\, f(x))$$

容易知道，集合 $\mathrm{GF}(2^3)$ 中的元素对加法构成交换群，加法零元为 0，每一个元素的逆元是其自身.

实际上，八个域元素 $\{0,1,x,x+1,x^2,x^2+1,x^2+x,x^2+x+1\}$ 的系数为 $\{000,001,010,011,100,101,110,111\}$. 八个域元素 $\{0,1,x,x+1,x^2,x^2+1,x^2+x,x^2+x+1\}$ 之间的加法，相当于 $\{000,001,010,011,100,101,110,111\}$ 中的加法(按位异或). 如 $(x^2+1)+(x^2+x+1)=2x^2+x+2\equiv x(\mathrm{mod}\, p(x))$，相当于 $(101)\oplus(111)=(010)$.

【例 6.3.26】 已知 $h(x)=x^2$，$g(x)=x^2+x+1$ 和 $f(x)=x^3+x+1$ 是 $\mathrm{GF}(2^3)$ 上的多项式，求 $h(x)\otimes g(x)(\mathrm{mod}\, f(x))$.

解　　　　　$h(x)\otimes g(x)=x^2\times(x^2+x+1)=x^4+x^3+x^2$

$$=(x+1)\times(x^3+x+1)+1$$

$$\equiv 1(\bmod f(x))$$

可见，要计算两个元素的乘积，先进行多项式相乘，再模 $f(x)=x^3+x+1$.

由此可知，集合 $\mathrm{GF}(2^3)$ 中的非零元素对乘法是封闭的，满足结合律，单位元是 1. 由于 $f(x)=x^3+x+1$ 是一个不可约多项式，故集合 $\mathrm{GF}(2^3)$ 中的非零元素与之互素，从而逆元存在.

同时，加法和乘法之间的分配律成立.

故集合 $\mathrm{GF}(2^3)$ 在给定的加法和乘法运算规则下构成一个域.

下面是求乘法逆元举例.

【例 6.3.27】 已知 x^2 是 $\mathrm{GF}(2^3)$ 上的多项式，求 x^2 模 $f(x)=x^3+x+1$ 的乘法逆元.

解　因为

$$x^3+x+1=x^2\times x+(x+1)$$

$$x^2=(x+1)\times(x+1)+1$$

所以

$$1=x^2-(x+1)\times(x+1)$$

$$=x^2-[(x^3+x+1)-(x^2\times x)]\times(x+1)$$

$$=x^2+(x^2\times x)\times(x+1)-(x^3+x+1)\times(x+1)$$

$$=x^2\times(x^2+x+1)-(x^3+x+1)\times(x+1)$$

故 x^2 模 x^3+x+1 的乘法逆元为 x^2+x+1，即

$$x^2\times(x^2+x+1)\equiv 1(\bmod x^3+x+1)$$

通过这种方式求乘法逆元不方便. 实际上，集合 $\mathrm{GF}(2^3)$ 中的非零元素构成一个循环群，该循环群的一个生成元为 x，通过完成下面的计算可得以验证：

$$x^0\equiv 1(\bmod f(x)),\ x^1\equiv x(\bmod f(x))$$

$$x^2\equiv x^2(\bmod f(x)),\ x^3\equiv x+1(\bmod f(x))$$

$$x^4\equiv x^2+x(\bmod f(x)),\ x^5\equiv x^2+x+1(\bmod f(x))$$

$$x^6\equiv x^2+1(\bmod f(x)),\ x^7\equiv x^0\equiv 1(\bmod f(x))$$

根据上面的运算结果，容易求得某个元素的逆元，例如

$$(x^2)^{-1}(\bmod f(x))=1\times x^{-2}\equiv x^7\cdot x^{-2}=x^5\equiv x^2+x+1$$

由例 6.3.27 知，这个结果是正确的.

由此可见，多项式的理论与整数的理论是平行的，多项式相当于一般的整数，不可约多项式相当于素数，常数相当于整数中的 1，它既不是不可约多项式，也不是可约多项式.

【**例 6.3.28**】　已知 $p(x) = x^4 + x^3 + 1$ 是 GF(2) 上的 4 次不可约多项式，由定理 6.3.7 知，$F_2[x]$ 模 $p(x)$ 的余式全体构成一个有限域，域中的 16 个域元素除 0 外，其余元素均可用 x 的幂次方来表示，即

$$x^0 \equiv 1 (\operatorname{mod} f(x)), \qquad x^1 \equiv x (\operatorname{mod} f(x))$$
$$x^2 \equiv x^2 (\operatorname{mod} f(x)), \qquad x^3 \equiv x^3 (\operatorname{mod} f(x))$$
$$x^4 \equiv x^3 + 1 (\operatorname{mod} f(x)), \qquad x^5 \equiv x^3 + x + 1 (\operatorname{mod} f(x))$$
$$x^6 \equiv x^3 + x^2 + x + 1 (\operatorname{mod} f(x)), \quad x^7 \equiv x^2 + x + 1 (\operatorname{mod} f(x))$$
$$x^8 \equiv x^3 + x^2 + x (\operatorname{mod} f(x)), \qquad x^9 \equiv x^2 + 1 (\operatorname{mod} f(x))$$
$$x^{10} \equiv x^3 + x (\operatorname{mod} f(x)), \qquad x^{11} \equiv x^3 + x^2 + 1 (\operatorname{mod} f(x))$$
$$x^{12} \equiv x + 1 (\operatorname{mod} f(x)), \qquad x^{13} \equiv x^2 + x (\operatorname{mod} f(x))$$
$$x^{14} \equiv x^3 + x^2 (\operatorname{mod} f(x)), \qquad x^{15} \equiv 1 (\operatorname{mod} f(x))$$

已知 $h(x) = x^2 + 1$，$g(x) = x^3 + x^2 + 1$ 是 $GF(2^4)$ 中的多项式并根据上面的结果计算：

(1) $h(x) \oplus g(x) (\operatorname{mod} p(x))$；

(2) $h(x) \otimes g(x) (\operatorname{mod} p(x))$；

(3) $h(x)^{-1} (\operatorname{mod} p(x))$；

(4) $g(x)^{-1} (\operatorname{mod} p(x))$.

解　(1) 　　$h(x) \oplus g(x) (\operatorname{mod} p(x)) = x^2 + 1 + x^3 + x^2 + 1 \equiv x^3$

(2) 　　$h(x) \otimes g(x) (\operatorname{mod} p(x)) = (x^2 + 1)(x^3 + x^2 + 1)$
$$\equiv x^9 \times x^{11}$$
$$= x^{20} = x^{15} \times x^5$$
$$\equiv x^5 \equiv x^3 + x + 1$$

(3) 　　$h(x)^{-1} (\operatorname{mod} p(x)) = (x^9)^{-1} = 1 \times x^{-9}$
$$\equiv x^{15} \times x^{-9}$$
$$\equiv x^6 \equiv x^3 + x^2 + x + 1$$

(4) 　　$g(x)^{-1} (\operatorname{mod} p(x)) = (x^{11})^{-1} = 1 \times x^{-11}$
$$\equiv x^{15} \times x^{-11}$$
$$\equiv x^4 \equiv x^3 + 1$$

6.4　近世代数在高级加密标准(AES)中的应用

1997 年 4 月，美国 ANSI 发起征集 AES(Advanced Encryption Standard) 的活动，并为此成立了 AES 工作小组. 此次活动的目的是确定一个非保密的、可以公开技术细节的、全球免费使用的分组密码算法，以作为新的数据加密标准. 1997 年 9 月，美国联邦登记处公布了正式征集 AES 候选算法的通告. AES 要求数据分组长度为 128 比特、密钥长度为 128/192/256 比特、可应用于公共领域并免费提供、至少在 30 年内是安全的. 1998 年 8 月 NIST 公布了满足候选要求的 15 个 AES 候选算法. 后来，NIST 又从这 15 个算法中筛选出了 5 个 AES 候选算法. 2000 年 10 月，Rijndael 凭借其高安全性、高效率、可实现和灵活等优点成为美国新的高级加密标准 AES.

AES 加密算法包括轮密钥加、字节替代、行移位和列混合 4 个操作，另外还需要进行密钥扩展. 其中的字节替代、列混合和密钥扩展都涉及有限域上的运算. 这里仅介绍字节替代，完整算法参见 FIPS 197.

在 AES 算法中，选择的不可约多项式是 $p(x)=x^8+x^4+x^3+x+1$，$F_2[x]$ 模 $p(x)$ 的余式的次数至多是 7 次，故 $F_2[x](\mod p(x))$ 所构成的集合共有 $2^8=256$ 个多项式. 由定理 6.3.7 可知，$F_2[x](\mod p(x))$ 构成一个有限域. 为描述方便，记 $GF(2^8)=F_2[x](\mod p(x))$.

顾名思义，字节替代操作的输入为一个字节，输出也是一个字节，也即输入、输出都是 8 位二进制数. 记 $b=(b_7b_6b_5b_4b_3b_2b_1b_0)_2$ 表示 $GF(2^8)$ 上的多项式：

$$b_7x^7+b_6x^6+b_5x^5+b_4x^4+b_3x^3+b_2x^2+b_1x^1+b_0x^0$$

比如输入十六进制的 F5H$=(1111\ 0101)_2$，则对应域中的元素为多项式 $\alpha(x)=x^7+x^6+x^5+x^4+x^2+1$，显见 $\alpha(x)\in GF(2^8)$.

AES 的字节替代操作包括两个代数变换：

(1) 在有限域 $GF(2^8)$ 上求 $\alpha(x)$ 的乘法逆元. 即对于输入的 $\alpha(x)$，计算 $\beta(x)\in GF(2^8)$，满足 $\alpha(x)\cdot\beta(x)\equiv 1(\mod p(x))$. 其中"00"映射到"00".

(2) 在 GF(2) 上进行仿射变换. 记多项式 $\beta(x)$ 的系数为 $(b_7, b_6, b_5, b_4,$

b_3, b_2, b_1, b_0)，依次做如下变换(其中 c_i 指字节 63H＝(01100011)$_2$ 中第 i 位的值)：

$$b'_i = b_i \oplus b_{(i \oplus 4) \bmod 8} \oplus b_{(i \oplus 5) \bmod 8} \oplus b_{(i \oplus 6) \bmod 8} \oplus b_{(i \oplus 7) \bmod 8} \oplus c_i, \quad i \in [0, 7]$$

该变换用矩阵运算可以表示为

$$
\begin{bmatrix} b'_0 \\ b'_1 \\ b'_2 \\ b'_3 \\ b'_4 \\ b'_5 \\ b'_6 \\ b'_7 \end{bmatrix}
=
\begin{bmatrix}
1&0&0&0&1&1&1&1 \\
1&1&0&0&0&1&1&1 \\
1&1&1&0&0&0&1&1 \\
1&1&1&1&0&0&0&1 \\
1&1&1&1&1&0&0&0 \\
0&1&1&1&1&1&0&0 \\
0&0&1&1&1&1&1&0 \\
0&0&0&1&1&1&1&1
\end{bmatrix}
\times
\begin{bmatrix} b_0 \\ b_1 \\ b_2 \\ b_3 \\ b_4 \\ b_5 \\ b_6 \\ b_7 \end{bmatrix}
+
\begin{bmatrix} 1 \\ 1 \\ 0 \\ 0 \\ 0 \\ 1 \\ 1 \\ 0 \end{bmatrix}
$$

【例 6.4.1】 设输入为"F5"，求经过字节替代后的输出.

解　先求 $\mathrm{GF}(2^8)$ 上"F5"的乘法逆元，然后进行仿射变换.

(1) 十六进制"F5"的二进制为"11110101"，对应多项式为 $x^7 + x^6 + x^5 + x^4 + x^2 + 1$，求其模 $p(x) = x^8 + x^4 + x^3 + x + 1$ 的逆，即求 $\beta(x)$，使

$$(x^7 + x^6 + x^5 + x^4 + x^2 + 1) \cdot \beta(x) \equiv 1 (\bmod p(x))$$

通过多项式欧几里德算法，求解得

$$(x^7 + x^6 + x^5 + x^4 + x^2 + 1) \times (x^6 + x^2 + x) \equiv 1 (\bmod x^8 + x^4 + x^3 + x + 1)$$

即 $x^7 + x^6 + x^5 + x^4 + x^2 + 1$ 模 $x^8 + x^4 + x^3 + x + 1$ 的乘法逆元为 $x^6 + x^2 + x$，也即"F5"的乘法逆元为"46".

(2) 十六进制"46"的二进制为"01000110"，进行仿射变换，代入矩阵进行运算：

$$
\begin{bmatrix} 0 \\ 1 \\ 1 \\ 0 \\ 0 \\ 1 \\ 1 \\ 1 \end{bmatrix}
=
\begin{bmatrix}
1&0&0&0&1&1&1&1 \\
1&1&0&0&0&1&1&1 \\
1&1&1&0&0&0&1&1 \\
1&1&1&1&0&0&0&1 \\
1&1&1&1&1&0&0&0 \\
0&1&1&1&1&1&0&0 \\
0&0&1&1&1&1&1&0 \\
0&0&0&1&1&1&1&1
\end{bmatrix}
\times
\begin{bmatrix} 0 \\ 1 \\ 1 \\ 0 \\ 0 \\ 0 \\ 1 \\ 0 \end{bmatrix}
+
\begin{bmatrix} 1 \\ 1 \\ 0 \\ 0 \\ 0 \\ 1 \\ 1 \\ 0 \end{bmatrix}
$$

即二进制结果为"11100110"，对应十六进制结果为"E6".

　　由例 6.4.1 可以看到，对于确定的输入，输出是确定的. 比如输入为 F5，则输出为 E6. 由于输入有 256 种可能，故在 AES 的标准 FIPS 197 中构造了一个 16×16 的表格，通过查表 6.4.1 也可以实现求逆元和仿射变换的过程.

表 6.4.1　S-box

X	Y															
	0	1	2	3	4	5	6	7	8	9	A	B	C	D	E	F
0	63	7C	77	7B	F2	6B	6F	C5	30	01	67	2B	FE	D7	AB	76
1	CA	82	C9	7D	FA	59	47	F0	AD	D4	A2	AF	9C	A4	72	C0
2	B7	FD	93	26	36	3F	F7	CC	34	A5	E5	F1	71	D8	31	15
3	04	C7	23	C3	18	96	05	9A	07	12	80	E2	EB	27	B2	75
4	09	83	2C	1A	1B	6E	5A	A0	52	3B	D6	B3	29	E3	2F	84
5	53	D1	00	ED	20	FC	B1	5B	6A	CB	BE	39	4A	4C	58	CF
6	D0	EF	AA	FB	43	4D	33	85	45	F9	02	7F	50	3C	9F	A8
7	51	A3	40	8F	92	9D	38	F5	BC	B6	DA	21	10	FF	F3	D2
8	CD	0C	13	EC	5F	97	44	17	C4	A7	7E	3D	64	5D	19	73
9	60	81	4F	DC	22	2A	90	88	46	EE	B8	14	DE	5E	0B	DB
A	E0	32	3A	0A	49	06	24	5C	C2	D3	AC	62	91	95	E4	79
B	E7	C8	37	6D	8D	D5	4E	A9	6C	56	F4	EA	65	7A	AE	08
C	BA	78	25	2E	1C	A6	B4	C6	E8	DD	74	1F	4B	BD	8B	8A
D	70	3E	B5	66	48	03	F6	0E	61	35	57	B9	86	C1	1D	9E
E	E1	F8	98	11	69	D9	8E	94	9B	1E	87	E9	CE	55	28	DF
F	8C	A1	89	0D	BF	E6	42	68	41	99	2D	0F	B0	54	BB	16

6.5　扩展阅读

　　本节主要介绍有限域的一些定义和性质.

　　【定义 6.5.1】　设 F 是一个域，n 是非负整数，称
$$f(x)=a_0+a_1x+a_2x^2+\cdots+a_nx^n, a_i\in F$$
是 F 上的一元多项式，其中 x 是一个符号. F 上的全体一元多项式的集合用

$F[x]$ 表示. $F[x]$ 这个集合不构成一个域,但构成一个环. 若 F 为有限域 F_p,则以 $f(x)$ 为模的剩余类全体也构成一个环,称为**多项式剩余类环**.

【定义 6.5.2】 设 $(F,+,\times)$ 是域,H 是 F 的非空子集,且 $(H,+,\times)$ 也是域,则称 $(H,+,\times)$ 是 $(F,+,\times)$ 的**子域**,$(F,+,\times)$ 是 $(H,+,\times)$ 的**扩域**(或扩张).

【定理 6.5.1】 对任一素数 p 和任一整数 n,必然存在阶为 p^n 的有限域,并且在同构意义下,这样的有限域是唯一的.

【定理 6.5.2】 有限域中元素的个数必为素数,或者素数的正整数幂.

【定义 6.5.3】 有限域 F 所包含的最小子域称为 F 的**素域**. F 的素域的阶称为 F 的特征. 设 p 是素数,有限域 F 的阶 $q=p^n$,则 F 的素域的阶为 p,F 是其素域的扩域.

以素数 p 为模的整数剩余类环构成 p 阶有限域 $GF(p)$,以 $GF(p)$ 上 n 次首一既约多项式 $f(x)$ 为模的多项式剩余类环构成 p^n 阶有限域,通常记为 $GF(p^n)$.

【例 6.5.1】 $GF(2)$ 是一个素域,以 $GF(2)$ 上 3 次首一既约多项式 $f(x)=x^3+x+1$ 为模的多项式剩余类环构成 2^3 阶有限域,记为 $GF(2^3)$.

【例 6.5.2】 $GF(3)$ 是一个素域,以 $GF(3)$ 上 2 次首一既约多项式 $f(x)=x^2+1$ 为模的多项式剩余类环构成 3^2 阶有限域,记为 $GF(3^2)$. 这个域包含的元素为 $0,1,2,x,x+1,x+2,2x,2x+1,2x+2$.

习　题　6

1. 描述群的定义.
2. 描述域的定义.
3. 判断 $F_2[x]$ 中的多项式 x^5+x+1 是否为不可约多项式.
4. 判断 $F_2[x]$ 中的多项式 x^5+x^2+1 是否为不可约多项式.
5. 判断 $F_2[x]$ 中的多项式 $x^8+x^4+x^3+x+1$ 是否为不可约多项式.
6. 已知 x^4+x+1 是 $F_2[x]$ 中的不可约多项式,$F_2[x]/(x^4+x+1)$ 的余式构成一个有限域 $GF(2^4)$. 回答下列问题:

(1) 写出这个有限域中的加法恒等元和乘法恒等元;

（2）在域 $GF(2^4)$ 上计算 $(x^2+1) \times (x^3+1)$；

（3）在域 $GF(2^4)$ 上计算 $(x^2)^{-1}(\mathrm{mod}\, x^4+x+1)$.

7. 已知 $g(x)=x^4+x+1$ 是 $F_2[x]$ 中的不可约多项式，从而 $F_2[x]/(x^4+x+1)$ 是一个域. 求 $f(x)$，使得 $f(x) \times x^3 \equiv 1(\mathrm{mod}\, g(x))$.

第7章 椭圆曲线基础

对比基于因数分解的 RSA 类的密码算法和基于离散对数的 ElGamal 类的密码算法,在同等安全程度的情况下,在椭圆曲线上建立的公钥密码系统的密钥长度较短,因而受到了研究者的密切关注. 在我国,国家密码管理局于 2010 年 12 月发布的 SM2 椭圆曲线公钥密码算法,包括数字签名算法、密钥交换协议、公钥加密算法,都基于椭圆曲线理论.

7.1 椭圆曲线概述

【定义 7.1.1】 椭圆曲线是指由 Weierstrass 方程:

$$y^2 + a_1 xy + a_3 y = x^3 + a_2 x^2 + a_4 x + a_6$$

所确定的曲线.

可以这样记忆 Weierstrass 方程系数的下标:设 x、y、a_i 的权值分别为 2、3、i,则该方程中每一项权值都是 6(比如 y^2 的权值为 $2 \times 3 = 6$,$a_1 xy$ 的权值为 $1+2+3=6$),因而没有 a_5.

椭圆曲线的理论复杂而深奥,这里主要介绍现在用于公钥密码学中的知识. 在公钥密码学中主要用到两类椭圆曲线:

(1) 域 $F_p(p > 3)$ 上的椭圆曲线,表示为 $y^2 \equiv x^3 + ax + b \pmod{p}$,其中 $a, b \in F_p$,简记为 $E_p(a, b)$. 其判别式 $4a^3 + 27b^2 \pmod{p} \not\equiv 0$.

(2) 域 $F_{2^m}(m \geqslant 1)$ 上的椭圆曲线,表示为

$$y^2 + xy = x^3 + ax^2 + b, \ a, b \in F_{2^m}, \ 且 b \neq 0$$

7.2 域 F_p 上的椭圆曲线

图 7.2.1 中列出了实数域上几种形如 $y^2 = x^3 + ax + b$ 的椭圆曲线的图形. 可以看到,这些图形关于 x 轴对称. 其中 a 和 b 同时为 0 时,判别式 $4a^3 + 27b^2 \pmod{p} \equiv 0$,故不是椭圆曲线.

现在讨论 $y^2 = x^3 + ax + b$ 这一类椭圆曲线上点的加法运算.

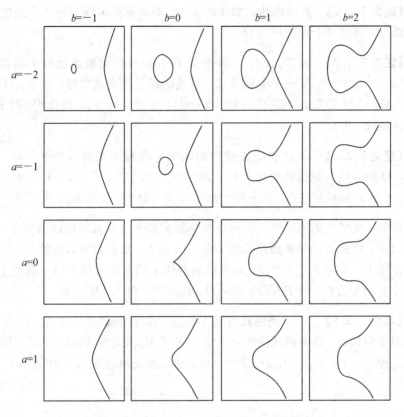

图 7.2.1　实数域上 $y^2 = x^3 + ax + b$ 的图形

【**定义 7.2.1**】　在椭圆曲线所在的平面上定义一个称为**无穷远点**的元素，记为 O，把它定义为加法的单位元．也就是说，椭圆曲线上的点 P 和它相加等于自身，即 $P + O = P$．

可以看到，这里的无穷远点相当于加法里面的 0（即零）．如何理解无穷远点呢？我们知道，在中学里面，平面上两条平行线是不相交的．这里把平面上两条平行线的交点称为无穷远点．注意，无穷远点不是坐标原点 $(0, 0)$．

对无穷远点的理解需要注意以下几点：

（1）一条直线上的无穷远点只有一个，因为过定点与已知直线平行的直线只能有一条，而两条直线的交点只有一个．

（2）一组相互平行的直线有公共的无穷远点．

（3）一个平面上全体无穷远点构成一条无穷远直线．

【定义 7.2.2】　椭圆曲线的**加法**定义为：如果椭圆曲线上的 3 个点位于同一直线上，则这三个点的和为 O.

【定义 7.2.3】　设 P_1、P_2 为两个关于 x 轴对称的椭圆曲线上的点，即 $P_1=(x,y)$，$P_2=(x,-y)$，则 P_1P_2 连线的延长线为无穷远，故 P_1、P_2、O 三点共线. 由定义 7.2.2 得 $P_1+P_2+O=O$，故 $P_1=-P_2$，则称 P_1 与 P_2 互为**加法逆元**，即负元.

【定义 7.2.4】　设 P 和 Q 是椭圆曲线上 x 坐标不同的两个点，画一条通过 P、Q 的直线与椭圆曲线交于 R_1，由定义 7.2.2 知，$P+Q+R_1=O$. 设 R 是 R_1 关于 x 轴对称的点，即 $R=-R_1$，则 $P+Q=-R_1=R$.

例如，在图 7.2.2(a) 中，P 和 Q 是椭圆曲线上 x 坐标不同的两个点，画一条通过 P、Q 的直线与椭圆曲线交于 R_1. R 是 R_1 关于 x 轴对称的点，故也在椭圆曲线上. 由定义 7.2.2 知，如果椭圆曲线上的三个点位于同一直线上，则这三个点的和为 O，故 $P+Q+R_1=O$，从而 $P+Q=-R_1=R$.

【定义 7.2.5】　设 P 是椭圆曲线上的点，点 P 的倍点定义为：过点 P 作椭圆曲线的切线，设与椭圆曲线交于 R_1，R 是 R_1 关于 x 轴对称的点，即 $R=-R_1$，则 $P+P+R_1=O$，故 $2P=-R_1=R$，参见示意图 7.2.2(b).

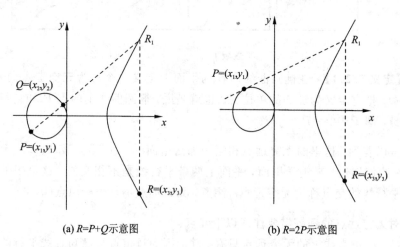

(a) $R=P+Q$ 示意图　　　　　　　(b) $R=2P$ 示意图

图 7.2.2　椭圆曲线的加法示意图

下面推导椭圆曲线上点的加法运算规则.

设椭圆曲线的方程为 $y^2=x^3+ax+b$，椭圆曲线上有点 $P(x_1,y_1)$、$Q(x_2,y_2)$. 若 $P\neq Q$ 且 $P\neq -Q$，即 $x_1\neq x_2$，则过点 Q 和 P 的直线的斜率为

$k=(y_2-y_1)/(x_2-x_1)$，若把该直线表示为 $y=kx+c$，则该直线与椭圆曲线必还有一个交点，设为 $R_1(x_3,-y_3)$，其关于 x 轴的对称点，也就是加法逆元为 $R(x_3,y_3)$. 通过把直线方程代入椭圆曲线方程，得

$$(kx+c)^2=x^3+ax+b$$

整理得

$$x^3-k^2x^2+(a-2kc)x+b-c^2=0$$

因为该条直线与椭圆曲线相交且有 3 个交点，故方程有 3 个解，其中 x_1、x_2、x_3 分别为点 P、Q、R_1 的 x 轴坐标，则由 Vieta 定理知

$$x_1+x_2+x_3=k^2$$

故

$$x_3=k^2-x_1-x_2$$

由于 $R_1(x_3,-y_3)$ 和 $P(x_1,y_1)$ 是同一直线上的点，故

$$k=\frac{-y_3-y_1}{x_3-x_1}$$

整理得

$$y_3=k(x_1-x_3)-y_1$$

对于倍点运算，通过 $P(x_1,y_1)$ 点作椭圆曲线的切线，对 $y^2=x^3+ax+b$ 两边求导数，得切线的斜率为

$$2yy'=3x^2+a$$

$$k=y'=\frac{3x^2+a}{2y}$$

除斜率的计算不同外，其他与前面同.

综上所述，得出椭圆曲线 $y^2=x^3+ax+b$ 上点的加法运算规则如下：

设 $P=(x_1,y_1)$，$Q=(x_2,y_2)$，$P\neq-Q$，则 $P+Q=R=(x_3,y_3)$ 由以下规则确定：

$$x_3=k^2-x_1-x_2$$

$$y_3=k(x_1-x_3)-y_1$$

其中，

$$k=\begin{cases}\dfrac{y_2-y_1}{x_2-x_1}, & P\neq Q \\[2ex] \dfrac{3x_1^2+a}{2y_1}, & P=Q\end{cases}$$

由上面的结论容易得到有限域 F_p 上椭圆曲线的加法. 有限域 F_p 上的椭

圆曲线方程定义为

$$y^2 = x^3 + ax + b, \ a, b \in F_p$$
$$4a^3 + 27b^2 (\bmod p) \not\equiv 0$$

椭圆曲线 $E_p(a, b)$ 定义为

$$E_p(a, b) = \{(x, y) \mid y^2 = x^3 + ax + b, \ x, y \in F_p\} \bigcup \{O\}$$

其中 O 为无穷远点.

有的研究者把该椭圆曲线记为 $E(F_p)$.

有限域 F_p 上椭圆曲线的加法公式与前面的推导结论类似,只是运算是在域 F_p 上进行的. 椭圆曲线 $y^2 \equiv x^3 + ax + b (\bmod p)$ 上的点的加法运算规则如下:

设 $P = (x_1, y_1)$, $Q = (x_2, y_2)$, $P \neq -Q$, 则 $P + Q = R = (x_3, y_3)$ 由以下规则确定:

$$x_3 \equiv k^2 - x_1 - x_2 (\bmod p)$$
$$y_3 \equiv k(x_1 - x_3) - y_1 (\bmod p)$$

其中,

$$k \equiv \begin{cases} \dfrac{y_2 - y_1}{x_2 - x_1} (\bmod p), & P \neq Q \\[3mm] \dfrac{3x_1^2 + a}{2y_1} (\bmod p), & P = Q \end{cases}$$

作为分母的 $x_2 - x_1$ 实际就是求 $(x_2 - x_1)^{-1} (\bmod p)$, 即乘法逆元;作为分母的 $2y_1$ 类似.

【例 7.2.1】 $y^2 \equiv x^3 + x + 6 (\bmod 11)$ 是有限域 F_{11} 上的椭圆曲线,记为 $E_{11}(1, 6)$. 求该椭圆曲线上所有的点.

解 为方便求出 $y^2 \equiv x^3 + x + 6 (\bmod 11)$ 上的离散的点,先给出模 11 的平方剩余. 因为 $1^2 \equiv 1 (\bmod 11)$, $2^2 \equiv 4 (\bmod 11)$, $3^2 \equiv 9 (\bmod 11)$, $4^2 = 16 \equiv 5 (\bmod 11)$, $5^2 = 25 \equiv 3 (\bmod 11)$, 所以模 11 的平方剩余为 1, 3, 4, 5, 9.

令 $x = 0, 1, \cdots, 10$, 求椭圆曲线上所有点的过程如下:

当 $x = 0$ 时, $y^2 \equiv 6 (\bmod 11)$, 因为 6 不是模 11 的平方剩余,故无解;

当 $x = 1$ 时, $y^2 \equiv 8 (\bmod 11)$, 因为 8 不是模 11 的平方剩余,故无解;

当 $x = 2$ 时, $y^2 \equiv 8 + 2 + 6 = 16 \equiv 5 (\bmod 11)$, 因为 5 是模 11 的平方剩余,故 $y \equiv \pm 4 (\bmod 11)$;

当 $x = 3$ 时, $y^2 \equiv 27 + 3 + 6 = 36 \equiv 3 (\bmod 11)$, 因为 3 是模 11 的平方剩余,

故 $y \equiv \pm 5 \pmod{11}$；

　　⋮

当 $x = 10$ 时，$y^2 \equiv 1000 + 10 + 6 = 1016 \equiv 4 \pmod{11}$，因为 4 是模 11 的平方剩余，故 $y \equiv \pm 2 \pmod{11}$.

简言之，当 $x = 0, 1, \cdots, 10$ 时，计算可得 $y^2 \equiv 6, 8, 5, 3, 8, 4, 8, 4, 9, 7, 4 \pmod{11}$. 模 11 的平方剩余有 1，3，4，5，9，故该椭圆曲线上的点有 $(2, 4)$，$(2, 7)$，$(3, 5)$，$(3, 6)$，$(5, 2)$，$(5, 9)$，$(7, 2)$，$(7, 9)$，$(8, 3)$，$(8, 8)$，$(10, 2)$，$(10, 9)$，另外还有一个无穷远点 O.

加上无穷远点 O，该椭圆曲线上一共有 13 个点. 除无穷远点外的 12 个点的分布如图 7.2.3(a)所示，图中左下角的起点是$(0, 0)$点，故所有点都在第一象限.

图 7.2.3(b)是 $y^2 = x^3 + x + 6$ 所表示的曲线. 通过比较 $y^2 = x^3 + x + 6$ 在平面上的曲线和 $y^2 \equiv x^3 + x + 6 \pmod{11}$ 在平面上的点，直观感觉没有太多的联系.

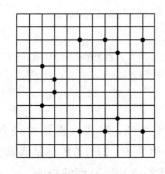 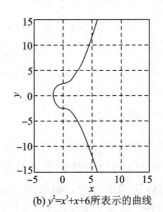

(a) $y^2 \equiv x^3 + x + 6 \pmod{11}$在平面上的点　　(b) $y^2 = x^3 + x + 6$所表示的曲线

图 7.2.3　有限域和实数域上的椭圆曲线比较

从图上可以看出，有限域上的椭圆曲线并不是一条连续的曲线，而是一系列离散的点. 加法中用到的"切线""斜率"等概念已经不具有明确的几何意义.

对于同一条椭圆曲线 $y^2 \equiv x^3 + ax + b \pmod{p}$，$p$ 取不同的值，计算所得椭圆曲线上点的个数一般也不同. 椭圆曲线 $y^2 \equiv x^3 + ax + b \pmod{p}$ 上离散的点数小于 $2p + 1$，也即当 $x = 0, 1, \cdots, p$，$y^2 \equiv x^3 + ax + b \pmod{p}$ 都有解时，共有 $2p$ 个点，另外再加一个无穷远点. 关于有限域上椭圆曲线点的个数的知识请参考其他教材.

【例 7.2.2】 设椭圆曲线为 $y^2 \equiv x^3 + x + 6 \pmod{11}$，选取 $P = (2, 7)$，计算 $2P$、$3P$.

解 $P = (x_1, y_1) = (x_2, y_2) = (2, 7)$.

(1) 计算 $2P$. 先计算 k:

$$k \equiv \frac{3x_1^2 + a}{2y_1} \pmod{p} = \frac{3 \times 2^2 + 1}{2 \times 7} \pmod{11} = \frac{13}{14} \pmod{11} \equiv \frac{2}{3}$$

$$= 2 \times 3^{-1} \equiv 2 \times 4 \pmod{11} \equiv 8$$

于是

$$x_3 \equiv k^2 - x_1 - x_2 \pmod{p} = 8^2 - 2 - 2 \pmod{11} \equiv 5$$

$$y_3 \equiv k(x_1 - x_3) - y_1 \pmod{p} = 8 \times (2 - 5) - 7 \pmod{11} \equiv 2$$

因此，$2P = (5, 2)$.

(2) 计算 $3P$. $3P = 2P + P = (5, 2) + (2, 7)$.

先计算 k:

$$k \equiv \frac{y_2 - y_1}{x_2 - x_1} \pmod{p} = \frac{7 - 2}{2 - 5} \pmod{11} \equiv \frac{5}{-3} \equiv \frac{5}{8}$$

$$= 5 \times 8^{-1} \equiv 5 \times 7 \pmod{11} \equiv 35 \pmod{11} \equiv 2$$

于是

$$x_3 \equiv k^2 - x_1 - x_2 \pmod{p} = 2^2 - 5 - 2 \pmod{11} \equiv 8$$

$$y_3 \equiv k(x_1 - x_3) - y_1 \pmod{p} = 2 \times (5 - 8) - 2 \pmod{11} \equiv 3$$

因此，$3P = (8, 3)$.

计算完毕后，可以把 $2P = (5, 2)$，$3P = (8, 3)$ 代入椭圆曲线方程 $y^2 \equiv x^3 + x + 6 \pmod{11}$ 中验证等式是否成立. 因为 P、$2P$、$3P$ 都是椭圆曲线上的点，它们应该满足方程，如果不成立，则要检查计算过程的错误.

类似地，还可以算出 nP，$n \geqslant 1$，计算结果如下:

$$P = (2, 7), \quad 2P = (5, 2), \quad 3P = (8, 3), \quad 4P = (10, 2)$$

$$5P = (3, 6), \quad 6P = (7, 9), \quad 7P = (7, 2)$$

$$8P = (3, 5), \quad 9P = (10, 9), \quad 10P = (8, 8)$$

$$11P = (5, 9), \quad 12P = (2, 4), \quad 13P = O$$

由此可知，椭圆曲线 $y^2 \equiv x^3 + x + 6 \pmod{11}$ 上的 13 个点在上述加法下构成一个交换群，也是一个循环群，$P = (2, 7)$ 是该循环群的一个生成元.

对于给定有限域 F 上的椭圆曲线 $y^2 \equiv x^3 + ax + b \pmod{p}$，当 p 很大时，也就意味着该有限域上的离散点的个数可能很多. 如果知道生成元 P 和正整

数 n，由例 7.2.2 知道，要计算 $Q=nP$ 是容易的(可以用类似模重复平方计算法进行计算). 但已知 P 和 Q，要得到 n 在计算上是困难的，这称为椭圆曲线离散对数问题(Elliptic Curves Discrete Logarithm Problem，ECDLP).

在上面的例题中，可以确定 E 中的所有点. 实际应用中，由于给定的有限域上的椭圆曲线上的点数太多，因此无法完全列举 E 中所有的点，也没有必要列举 E 中所有的点.

用模重复平方计算法计算 nP 的原理如下：

设 $n=(n_k n_{k-1} \cdots n_1 n_0)_2 = n_k \times 2^k + n_{k-1} \times 2^{k-1} + \cdots + n_1 \times 2^1 + n_0 \times 2^0$，则

$$nP = n_k \times 2^k P + n_{k-1} \times 2^{k-1} P + \cdots + n_1 \times 2^1 P + n_0 \times 2^0 P$$

故先计算 $2^1 P$，$2^2 P$，$2^3 P$，$\cdots$，$2^{k-1} P$，$2^k P$，然后将其代入上面的表达式.

例如 $n=19=(10011)_2 = 1 \times 2^4 + 0 \times 2^3 + 0 \times 2^2 + 1 \times 2^1 + 1 \times 2^0$，故先计算 $2P$，$2^2 P = 4P$，$2^3 P = 8P$，$2^4 P = 16P$，则

$$19P = 1 \times 2^4 P + 0 \times 2^3 P + 0 \times 2^2 P + 1 \times 2^1 P + 1 \times 2^0 P = 16P + 2P + P$$

【定义 7.2.6】　设 P 是椭圆曲线 $E_p(a,b)$ 上的一点，若存在最小的正整数 n，使得 $nP=O$，则称 n 是点 P 的阶. 椭圆曲线 $E_p(a,b)$ 上的点的个数，称为椭圆曲线的阶.

对比定义 6.1.6 可知，由于椭圆曲线 $E_p(a,b)$ 上所有的点构成群，具体的椭圆曲线只是群的一个实例，因而也满足群的性质.

下面是中国国家密码管理局关于国密 SM2 椭圆曲线公钥密码算法推荐曲线参数，推荐使用素数域 256 位椭圆曲线，椭圆曲线方程为 $y^2 \equiv x^3 + ax + b \pmod{p}$. 其中 $G(G_x, G_y)$ 是基点，n 是基点 G 的阶，即 $nG=O$. 曲线参数如下：

p =FFFFFFFE FFFFFFFF FFFFFFFF FFFFFFFF FFFFFFFF
　　00000000 FFFFFFFF FFFFFFFF

a =FFFFFFFE FFFFFFFF FFFFFFFF FFFFFFFF FFFFFFFF
　　00000000 FFFFFFFF FFFFFFFC

b =28E9FA9E 9D9F5E34 4D5A9E4B CF6509A7 F39789F5 15AB8F92
　　DDBCBD41 4D940E93

n =FFFFFFFE FFFFFFFF FFFFFFFF FFFFFFFF 7203DF6B 21C6052B
　　53BBF409 39D54123

G_x =32C4AE2C 1F198119 5F990446 6A39C994 8FE30BBF F2660BE1

715A4589 334C74C7

$G_y =$ BC3736A2 F4F6779C 59BDCEE3 6B692153 D0A9877C

C62A4740 02DF32E5 2139F0A0

7.3　域 F_{2^m} 上的椭圆曲线

在 7.2 节中关于无穷远点和加法的定义(即定义 7.2.1 和定义 7.2.2),也适用于域 $F_{2^m}(m \geq 1)$ 上的椭圆曲线.

定义 F_{2^m} 上的椭圆曲线的方程为 $y^2 + xy = x^3 + ax^2 + b, b \neq 0$. 椭圆曲线 $E(F_{2^m})$ 定义为 $E(F_{2^m}) = \{(x, y) | y^2 + xy = x^3 + ax^2 + b, x, y \in F_{2^m}\} \cup \{O\}$, 其中 O 为无穷远点.

F_{2^m} 域的椭圆曲线上点的负元与 F_p 域上的坐标表示不同,具体推导过程如下:

设 $P(x_1, y_1)$ 不为无穷远点 O,则其负元 $-P(x_1', y_1')$ 为过 P 和 O 的直线且与 E 相交的第三个点,故 $x_1' = x_1$. 过 P 和 O 的直线方程为 $x = x_1$,将其代入方程 $y^2 + xy = x^3 + ax^2 + b$,得

$$y^2 + x_1 y - (x_1^3 + ax_1^2 + b) = 0$$

由 Vieta 定理知

$$y_1 + y_1' = -x_1$$

故

$$y_1' = -x_1 - y_1$$

由于椭圆曲线的系数为域 F_{2^m} 上的元素,故

$$y_1' = x_1 + y_1$$

即

$$-P = (x_1, x_1 + y_1)$$

下面推导 F_{2^m} 域的椭圆曲线上点的加法规则.

设 F_{2^m} 域的椭圆曲线上有两个点 $P(x_1, y_1)$、$Q(x_2, y_2)$,且 $P \neq -Q$. 令 $R(x_3, y_3) = P + Q$, $R'(x_3', y_3')$ 为过 P 和 Q 的直线且与 E 相交的第三个点,则 $P + Q + R' = O$, $R = -R'$, 即 $P + Q = -R' = R$.

(1) 不相同点的加法规则.

若 $P \neq -Q$ 且 $P \neq Q$,即 $x_1 \neq x_2$,则过点 Q 和 P 的直线的斜率为 $k =$

$\dfrac{y_2-y_1}{x_2-x_1}$. 由于所有运算在域 F_{2^m} 上进行，故

$$k=\frac{y_2+y_1}{x_2+x_1}=(y_2+y_1)(x_2+x_1)^{-1}$$

这里的倒数是求 x_2+x_1 在指定有限域中的逆元.

把直线 $y=kx+c$ 代入椭圆曲线方程，整理得

$$x^3-(k^2+k-a)x^2+(-2kc-c)x+b-c^2=0$$

由 Vieta 定理知

$$x_1+x_2+x_3'=k^2+k-a$$
$$x_3'=k^2+k-a-(x_1+x_2)$$

由于椭圆曲线的系数为域 F_{2^m} 上的元素，故

$$x_3'=k^2+k+a+(x_1+x_2)$$

由于 $R=-R'$，故 $x_3=x_3'$.

又 $P(x_1,y_1)$ 和 $R'(x_3',y_3')$ 在同一条直线上，故斜率 k 和截距 c 相同，由 $y=kx+c$ 得

$$y_3'=kx_3'+c$$

同时

$$y_1=kx_1+c$$

即

$$c=y_1-kx_1$$

从而

$$y_3'=kx_3'+(y_1-kx_1)$$

故

$$y_3=x_3'+y_3'=x_3+kx_3+(y_1-kx_1)=k(x_1+x_3)-x_3-y_1$$

由于所有运算在域 F_{2^m} 上进行，故

$$y_3=k(x_1+x_3)+x_3+y_1$$

综上所述，椭圆曲线 $y^2+xy=x^3+ax^2+b$ 上不同点的加法运算规则如下：

设 $P=(x_1,y_1)$，$Q=(x_2,y_2)$，且 $P\neq-Q$，令 $R=(x_3,y_3)=P+Q$，则

$$k=\frac{y_2+y_1}{x_2+x_1}$$
$$x_3=k^2+k+a+x_1+x_2$$
$$y_3=k(x_1+x_3)+x_3+y_1$$

(2) 倍点规则.

对于倍点运算, 即 $P \neq -Q$ 但是 $P = Q$. 因 $x_1 = x_2$, 由上面的推导结果易得

$$x_3' = k^2 + k + a + (x_1 + x_2) = k^2 + k + a$$

通过 $P(x_1, y_1)$ 点作椭圆曲线的切线, 对 $y^2 + xy = x^3 + ax^2 + b$ 两边求导数, 得

$$2yy' + y + xy' = 3x^2 + 2ax$$

整理得

$$k = y' = \frac{3x^2 + 2ax - y}{2y + x}$$

考虑到是域 F_{2^m} 上的运算, $3x^2 = x^2$, $2ax = 0$, $2y = 0$, 代入 $P(x_1, y_1)$ 的坐标, 得

$$k = y' = \frac{x_1^2 + y_1}{x_1} = x_1 + \frac{y_1}{x_1}$$

由于 $R = -R'$, 故 $x_3 = x_3'$.

又 $P(x_1, y_1)$ 和 $R'(x_3', y_3')$ 在同一条直线上, 故斜率 k 和截距 c 相同, $y_3' = kx_3' + c$, $y_1 = kx_1 + c$. 且 $P(x_1, y_1)$ 坐标已知, 则 $c = y_1 - kx_1$, 故

$$y_3 = x_3' + y_3' = x_3' + kx_3' + (y_1 - kx_1)$$

考虑到是域 F_{2^m} 上的运算, $x_3 = x_3'$, 故

$$y_3 = (k+1)x_3 + y_1 + kx_1$$

把后一个 k 用 $x_1 + \frac{y_1}{x_1}$ 替换, 得

$$y_3 = (k+1)x_3 + x_1^2$$

综上所述, 椭圆曲线 $y^2 + xy = x^3 + ax^2 + b$ 上倍点运算规则如下:
设 $P(x_1, y_1)$, 令 $R = (x_3, y_3) = 2P$, 则

$$k = x_1 + \frac{y_1}{x_1}$$

$$x_3 = k^2 + k + a$$

$$y_3 = (k+1)x_3 + x_1^2$$

【例 7.3.1】 考虑由不可约多项式 $f(z) = z^4 + z + 1$ 定义的有限域 F_{2^4}. 域 F_{2^4} 的一个元素 $a_3 z^3 + a_2 z^2 + a_1 z + a_1$ 可表示长度为 4 的二进制数 $(a_3 a_2 a_1 a_0)$, 例如 (0101) 表示 $z^2 + 1$. 定义在 F_{2^4} 上的非超奇异椭圆曲线为

$$E: y^2 + xy = x^3 + z^3 x^2 + (z^3 + 1)$$

已知 P：$(x_1, y_1) = (0010, 1111)$，$Q$：$(x_2, y_2) = (1100, 1100)$为椭圆曲线上的点，计算：

(1) $P+Q$；

(2) $2P$.

解　由椭圆曲线方程 $y^2 + xy = x^3 + ax^2 + b$ 知，a 的多项式表示为 z^3，有限域上表示为 $a = 1000$；b 的多项式表示为 $z^3 + 1$，有限域上表示为 $b = 1001$.

(1) 计算斜率 $k = (y_2 + y_1)(x_2 + x_1)^{-1}$.

$$x_1 + x_2 = 0010 \oplus 1100 = 1110,\quad y_1 + y_2 = 0011$$

因 1110 对应多项式 $z^3 + z^2 + z$，利用多项式长除法可得

$$z^4 + z + 1 = (z^3 + z^2 + z)(z + 1) + 1$$

故

$$(z^3 + z^2 + z)^{-1} (\bmod\, z^4 + z + 1) \equiv z + 1$$

即

$$(x_1 + x_2)^{-1} = 0011$$

因而

$$k = (x_1 + x_2)^{-1}(y_1 + y_2) = (0011)(0011)$$

因 $(z+1)(z+1) = z^2 + 1$，故

$$k = (0011)(0011) = 0101$$

因 $k^2 = (z^2 + 1)(z^2 + 1) = z^4 + 1$，注意到 $z^4 = z^4 + (z^4 + z + 1)(\bmod\, z^4 + z + 1) = z + 1$，故

$$z^4 + 1 = (z + 1) + 1 = z$$

得

$$k^2 = 0010$$

从而

$$\begin{aligned}
x_3 &= k^2 + k + a + (x_1 + x_2)\\
&= 0010 \oplus 0101 \oplus 1000 \oplus 1110\\
&= 0001
\end{aligned}$$

又 $x_1 + x_3 = 0010 \oplus 0001 = 0011$，$k(x_1 + x_3) = (0101)(0011) = 1111$，故

$$\begin{aligned}
y_3 &= k(x_1 + x_3) + x_3 + y_1\\
&= 1111 \oplus 0001 \oplus 1111 = 0001
\end{aligned}$$

(2) 计算斜率 $k = x_1 + \dfrac{y_1}{x_1}$，先求 $(x_1)^{-1}$. $x_1 = 0010$，即 z.

因 $z^4 + z + 1 = (z^3 + 1)z + 1$，故

$$z^{-1}(\bmod z^4+z+1)\equiv z^3+1$$

从而

$$(x_1)^{-1}=1001$$

因

$$(x_1)^{-1}y_1=(z^3+1)(z^3+z^2+z+1)=z^6+z^5+z^4+z^2+z+1$$

注意到

$$z^4(\bmod z^4+z+1)\equiv z+1$$
$$z^5(\bmod z^4+z+1)\equiv z^2+z$$
$$z^6(\bmod z^4+z+1)\equiv z^3+z^2$$
$$z^6+z^5+z^4+z^2+z+1=(z^3+z^2)+(z^2+z)+(z+1)+z^2+z+1$$
$$=z^3+z^2+z$$

(也可以用多项式的长除法求解)故 $(x_1)^{-1}y_1=1110$，从而

$$k=x_1+\frac{y_1}{x_1}=0010\oplus1110=1100$$

进而

$$k^2=(1100)(1100)=(z^3+z^2)(z^3+z^2)=z^6+z^4=1111$$

注意到

$$z^4(\bmod z^4+z+1)\equiv z+1$$
$$z^6(\bmod z^4+z+1)\equiv z^3+z^2$$
$$k^2=(z^3+z^2)+(z+1)=1111$$

得

$$x_3=k^2+k+a=1111\oplus1100\oplus1000=1011$$

又 $(x_1)^2=0100$，故

$$y_3=(k+1)x_3+x_1^2=0010$$

实际上，该椭圆曲线上所有的点为
(0011, 1100) (1000, 0001) (1100, 0000) (0000, 1011) (0011, 1111)
(1000, 1001) (1100, 1100) (0001, 0000) (0101, 0000) (1001, 0110)
(1111, 0100) (0001, 0001) (0101, 0101) (1001, 1111) (1111, 1011)
(0010, 1101) (0111, 1011) (1011, 0010) (0010, 1111) (0111, 1100)
(1011, 1001), ∞

因为域 F_{2^m} 上的椭圆曲线的所有点构成一个群，群中的点的加法运算是封闭的，故 $P+Q=(0001, 0001)$ 是椭圆曲线上的点，$2P=(1011, 0010)$ 是椭圆曲线上的点.

7.4　椭圆曲线在密码学中的应用

椭圆曲线密码算法于 1985 年提出. 从 1998 年起，一些国际标准化组织开始了对椭圆曲线密码的标准化工作，1998 年 IEEE P1363 工作组正式将椭圆曲线密码写入当时正在讨论制定的"公钥密码标准"的草稿.

在与 RSA 算法的安全性相同的情况下，椭圆曲线密码算法的密钥较短，160 比特长的密钥相当于 RSA 算法 1024 比特长的密钥的安全性，因而有利于容量受限的存储设备（如智能卡等）在安全领域的使用.

一般说来，基于离散对数问题的密码算法，都可以改写为基于椭圆曲线离散对数问题的算法，比如公钥密码算法 ElGamal、密钥协商协议 Diffie-Hellman 算法、美国的数字签名算法 DSA 等. 基于椭圆曲线的公钥密码算法还有中国的 SM2、俄罗斯的数字签名标准 GOST R 34.10—2001 算法等. 下面仅介绍椭圆曲线上的 ElGamal 密码算法.

先由系统选取一条椭圆曲线，该椭圆曲线上的点形成了循环群 E，$G \in E$ 是椭圆曲线上的一个点，n 是点 G 在循环群 E 的阶，即 $nG=O$. 用户选择一个整数 a，$0 < a < n$，计算 $\beta = aG$，a 保密，β 公开. 即 $\{G, a, n\}$ 是私钥，$\{G, \beta, n\}$ 是公钥，所选择的椭圆曲线是公开的.

假定把明文消息 m 嵌入群 E 的点 P_m 上. 当消息发送者欲向 A 发送 m 时，可求得一对数偶 (C_1, C_2)，其中 $C_1 = kG$，$C_2 = P_m + k\beta$，k 是随机产生的整数.

A 收到 (C_1, C_2) 后，计算 $C_2 - aC_1$ 得到消息 P_m，因为 $C_2 - aC_1 = (P_m + k\beta) - a(kG) = P_m$.

可以看到，如同 ElGamal 密码算法一样，椭圆曲线上的 ElGamal 密码算法也是一个不确定性算法，对于一个消息 m，加密过程中 k 的选取不一样，则加密所得的密文也不同. 另外，该密码算法也有密文"信息扩展"问题.

【例 7.4.1】　以前面提到的椭圆曲线 $y^2 \equiv x^3 + x + 6 \pmod{11}$ 为例，假设选取 $r = (2, 7)$，B 的私钥是 7，公钥 $\beta = 7r = (7, 2)$.

加密运算：$e(m, k) = (k(2, 7), m + k(7, 2))$，$0 \leqslant k \leqslant 12$，$m$ 是要加密的消息.

解密运算：$d(C_1, C_2) = C_2 - 7C_1$.

假设 A 要加密明文 $m=(10,9)$，这是 E 上的一个点，如果随机选择 $k=3$，A 加密计算如下：

$$C_1 = 3r = 3(2,7) = (8,3)$$
$$C_2 = m + 3\beta = (10,9) + 3(7,2) = (10,9) + (3,5)$$
$$= 9r + 8r = 17r = 4r = (10,2)$$

故 A 发送 $((8,3),(10,2))$ 给 B.

B 收到密文后，解密计算如下：

$$m = (10,2) - 7(8,3) = (10,2) - 21r = (10,2) - 8r$$
$$= (10,2) + 5r = 4r + 5r = 9r = (10,9)$$

于是恢复了明文.

习　题　7

1. 求满足方程 $y^2 \equiv x^3 + x + 1 \pmod{11}$ 上所有离散的点.

2. 求椭圆曲线 $y^2 \equiv x^3 + x + 6 \pmod{11}$ 的两个点 $(7,9)$ 和 $(10,9)$ 之和.

3. 求椭圆曲线 $y^2 \equiv x^3 + x + 6 \pmod{11}$ 的点 $(7,9)$ 和 $(7,9)$ 之和.

4. 求椭圆曲线 $y^2 \equiv x^3 + x + 6 \pmod{11}$ 的点 $(7,9)$ 与数的乘积 $9 \times (7,9)$.

5. 编程实现求椭圆曲线 $y^2 \equiv x^3 + x + 6 \pmod{11}$ 的点 $(7,9)$ 与数的乘积 $9 \times (7,9)$.

6. 考虑由不可约多项式 $f(z) = z^4 + z + 1$ 定义的有限域 F_{2^4}. 定义在 F_{2^4} 上的非超奇异椭圆曲线为

$$E: y^2 + xy = x^3 + z^3 x^2 + (z^3 + 1)$$

已知 $P:(x_1, y_1) = (0101, 0101)$，$Q:(x_2, y_2) = (1011, 0010)$ 为椭圆曲线上的点，计算：

(1) $P + Q$；

(2) $2P$.

7. 学习国密算法 SM2 椭圆曲线公钥密码算法的相关内容.

参 考 文 献

[1] 李继国,余纯武,张福泰,等. 信息安全数学基础[M]. 武汉:武汉大学出版社,2006.

[2] 许春香,周俊辉. 信息安全数学基础[M]. 成都:电子科技大学出版社,2008.

[3] 贾春福,钟安鸣,赵源超. 信息安全数学基础[M]. 北京:清华大学出版社,2010.

[4] 陈恭亮. 信息安全数学基础[M]. 北京:高等教育出版社,2011.

[5] ROSEN K H. 初等数论及其应用[M]. 夏鸿刚,译. 北京:机械工业出版社,2009.

[6] THOMAS K. Elementary Number Theory with Applications[M]. 2nd ed. New York:Academic Press,2007.

[7] 董丽华,胡予濮,曾勇. 数论与有限域[M]. 北京:机械工业出版社,2010.

[8] 张仕斌,万武南,张金全,等. 应用密码学[M]. 西安:西安电子科技大学出版社,2009.

[9] 王新梅,肖国镇. 纠错码:原理与方法[M]. 西安:西安电子科技大学出版社,2001.

[10] 蔡天新. 数论:从同余的观点出发[M]. 北京:高等教育出版社,2012.